DK 341.1:5+62:001.83(100)

FORSCHUNGSBERICHTE
DES LANDES NORDRHEIN-WESTFALEN

Herausgegeben durch das Kultusministerium

Nr. 767

Forschungsinstitut für Internationale Technische Zusammenarbeit
an der Rheinisch-Westfälischen Technischen Hochschule Aachen
(F. I. Z.)

Dr.-Ing. Will Grosse

Internationale Organisationen der Naturwissenschaften und Technik und ihre Zusammenarbeit

II. Teil:
Internationale Fachvereinigungen und verwandte Fachgebiete
Klassische und Kernenergie
Sonstige Fachgebiete und -organisationen

Als Manuskript gedruckt

Springer Fachmedien Wiesbaden GmbH

1960

ISBN 978-3-663-20139-7   ISBN 978-3-663-20501-2 (eBook)
DOI 10.1007/978-3-663-20501-2

Gliederung

Teil II

Vorwort. . . . . S. 5
I. KLASSISCHE UND KERNENERGIE . . . . S. 9
    A. Zwischenstaatliche politische Organe der Klassischen
       Energie . . . . S. 10
    B. Nichtstaatliche internationale Wärme- und Elektroenergie. . S. 13
    C. Atomare Weltkonstellation, UN und IAEA. . . . . S. 22
    D. Regionale Atom-Gemeinschaftsforschung . . . . S. 28
    E. Kernenergie und westlich-europäische Kooperation. . . . . . S. 31
    F. Radiologie, Strahlenschutz und nukleare Gebiete . . . . . . S. 35
II. SONSTIGE FACHGEBIETE UND -ORGANISATIONEN . . . . S. 38
    G. Naturwissenschaften . . . . S. 39
    H. Technologie und Technik . . . . S. 45
    I. Agrar-, Forst-, Ernährungswesen . . . . S. 56
Tabelle der wichtigsten unabhängigen Fachorganisationen. . . . . . S. 66
Namens-Abkürzungsverzeichnis . . . . S. 68
Namens-Stichwortverzeichnis. S. 70

Vorwort

Nachdem wir im Oktober 1959 den Teil I unserer Studie "Internationale Organisationen der Naturwissenschaften und Technik und ihre Zusammenarbeit" unter dem Titel "Welt-Gremien, Spitzenverbände und zwischenstaatliche Initiative" - Forschungsbericht Nr. 766 des Landes Nordrhein-Westfalen - der Öffentlichkeit übergeben konnten, sind wir heute in der Lage, Ihnen den Teil II "Internationale Fachvereinigungen und verwandte Fachgebiete" (Klassische und Kernenergie, sonstige Fachgebiete und -organisationen, einschließlich Landwirtschaft und Verkehr) vorzulegen. Auch hier kommt wieder der Satz zur Geltung, daß Naturwissenschaften und Technik international sind.

Mit den nunmehr vorliegenden beiden Bänden dieser Studie hoffen wir, eine zusammenfassende Übersicht über das Gebiet der internationalen naturwissenschaftlichen und technischen Organisationen geschaffen zu haben. Wir sind hierbei ausgegangen von den offiziellen englischen und französischen Namen und ihren deutschen Übersetzungen und haben auch die international gebräuchlichen Abkürzungen und die genauen Anschriften nach dem neuesten Stand wiedergegeben.

Ein Überblick über Zahl, Namen, Daten, Entwicklung, Struktur und innere Verflechtung der internationalen Organisationen der Naturwissenschaften und Technik und auch ihre nationalen Mitgliederverbände lag bisher in dieser geschlossenen Form noch nicht vor. Selbst in Fachkreisen sind die hier aufgezeichneten internationalen Zusammenhänge meist nur auf Teilgebieten bekannt. Unser Institut beabsichtigte daher, mit dieser nunmehr vollständig vorliegenden Studie erstmalig diese Zusammenhänge aufzuzeigen und eine organisatorische Übersicht zu vermitteln. Wir hoffen, daß die Fachleute Anregungen über ihren eigenen Bereich hinaus finden werden, und daß alle Interessenten, und hierbei besonders die Entwicklungsländer, genügende Informationen über ihre internationalen Partner finden.

Einleitung

Hinsichtlich der zur Benutzung der Studie "Internationale Organisationen der Naturwissenschaften und Technik und ihre Zusammenarbeit" vom Verfasser gegebenen Erläuterungen verweisen wir auf den Teil I, S. 8-10, die auch für Teil II gelten.

Nachstehend führen wir die benutzten Textabkürzungen auf:

AA	Auswärtiges Amt	Kom.	Komitee
Acad.	Academy, Académie	Komm.	Kommission
Akad.	Akademie	Konf.	Konferenz
a.o.	außerordentlich	Konföd.	Konföderation
Ass.	Association	konsult.	konsultativ
ass.	assoziiert	Mitgl.	Mitglied
Assbl.	Assemblee, Assemblée	Mvt.	Movement, Mouvement
A.	Ausschuß	Nachf.	Nachfolger
Av.	Avenue	nat.	national
berat.	beratend	NGO	Non-governmental Organization
Bd.	Boulevard		
BM	Bundesministerium	o.	ordentlich (Mitglied)
BRD	Bundesrepublik Deutschland	Org.	Organisation
		perm.	permanent
Bur.	Bureau	Pl.	Place
c/o	per Adresse	Präs.	Präsident
Cl.	Council, Conseil	Reg.	Register
Cms.	Commission	R.	Republik
Cmt.	Committee, Comité	S.	Seite
Conf.	Conference	s.	siehe
Confed.	Confederation	Sekr.	Sekretär
consult.	consultativ	Soc.	Society
CSR	Tschechoslowakei	souv.	souverän
"DDR"	Sowjetische Besatzungszone	Schatzm.	Schatzmeister
		Stellv.	Stellvertreter
Dir.	Direktor	Str.	Street, Straße
eur.	europäisch	T.	Telefon
Exek.	Exekutiv-	temp.	temporär
Fed.	Federation	V	Vize-
Föd.	Föderation	Ver.	Verein, vereinigt
GB	Großbritannien	Vereinig.	Vereinigung
Gen.	General	Verb.	Verband
Ges.	Gesellschaft	Verw.	Verwaltung
GF	Geschäftsführer	vorm.	vormals
H...	Haupt ...	Vors.	Vorsitzender
IGO	Intergovernmental Organization	Vorst.	Vorstand
		VR	Volksrepublik
int.	international	Wiss.	Wissenschaft, wissenschaftl.
interesess.	intersessional		
Inst.	Institut	z.Z.	zur Zeit

Die international gebräuchlichen englischen, französischen und deutschen Abkürzungen der Organisationsnamen siehe Stichwort- und Abkürzungsregister am Schluß.

I. KLASSISCHE UND KERNENERGIE

Der bereits erschienene Teil I dieser Studie (siehe Einleitung) untersucht Struktur und Rolle der internationalen nichtstaatlichen (NGO's = Non-governmental Organizations) naturwissenschaftlichen wie technischen Spitzen-Fachorganisationen. Sie sind unpolitisch, ihre höchste - beratende, nicht exekutive - Koordination wird repräsentiert durch die beiden Welt-Gremien, <u>International Council of Scientific Unions/Conseil international des Unions scientifiques/Internationaler Rat Wissenschaftlicher Verbände</u> (ICSU/CIUS) und <u>Union of International Engineering Organizations/Union des Associations techniques internationales/Union Internationaler Technischer Vereine</u> in Paris. Untrennbare Voraussetzung für ihr Bestehen und Wirken sind Koordination und Förderung durch die großen zwischenstaatlichen Zusammenschlüsse (IGO's = Inter-governmental Organizations) auf UN- und regionaler Basis, insbesondere die Schirmherrschaft und unmittelbare Unterstützung der UNESCO.

In der zweiten Hälfte des nachfolgenden Teiles II der Studie sind die fachwichtigsten internationalen naturwissenschaftlichen und technischen Einzelorganisationen aufgeführt, die den beiden obigen Welt-Gremien nicht angehören. Sie sind fast alle unpolitisch und bis auf einige regierungsamtliche Organisationen (IGO's) nichtstaatlich (NGO's).

Dazwischen liegt und wird in der ersten Hälfte dieses Teils II der Studie dargestellt das Gebiet der Energie, sowohl der Klassischen wie der Kernenergie. Sie bezieht ihre Grundlagen und Impulse aus den Naturwissenschaften, insbesondere Physik, Chemie, und aus der Technologie, vorwiegend Starkstrom- und Hochspannungstechnik, bildet jedoch auf Grund eigener wirtschaftlicher wie politischer Struktur und Zielsetzung eine Einheit für sich.

Die überragende Rolle der Energie für das gesamte Gebiet menschlicher Existenz und Betätigung gibt ihr eine wirtschaftliche, politische und militärische Bedeutung, wie sie Naturwissenschaft und Technik sonst nicht annähernd, und meist auch nur in Abhängigkeit von den Energieproblemen, aufzuweisen haben. Die derzeitige paradoxe Situation der bedrohlich wachsenden europäischen Kohlehalden und untätig aufliegenden internationalen Öltankertonnage trotz ständig steigenden Energiebedarfs steht in krassem Mißverhältnis zu den beispiellosen Erfolgen von Wissenschaft und Technik auf dem Gebiet der Energiegewinnung und Nutzung; sie ist, Folge einer verkannten und verplanten Strukturwandlung, zum zwischenstaatlichen, besonders europäischen, Problem geworden. Um Ölvorkommen wurden in der Welt Kriege geführt, Revolutionen angezettelt und drohen immer neue Konflikte; ihr Besitz und notfalls ihre Zerstörung sind strategische Ziele, schon die Tatsache von Erschliessungs-Konzessionen ruft unkontrollierbare nationale Leidenschaften hier und kommerzielle Skrupellosigkeit dort auf den Plan. Die Kernenergie, vom Wissenschaftler und Techniker aus der Spaltung oder, tausendfach wirksamer, aus der Verschmelzung des Atoms entwickelt, vermag das Leben auf der Erde auszulöschen. Sie kann die Menschheit auch zu ungeahntem Wohlstand führen - das liegt letzten Endes bei den Politikern.

In seiner wissenschaftlichen und technischen Gesamtheit ist heute das Energieproblem unteilbar. Eine krasse Trennung der weitgehend austauschbaren Energieträger und -arten Kohle, Wasserkraft, Öl, Gas, Elektrizität und neuerdings Atomkraft wäre, ebenso wie ein Festklammern an der vermeintlichen Monopolstellung der Kohle, ein Rückschritt. Das Zusammenwirken der Märkte zur Deckung - oder auch Kontingentierung - des Weltenergiebedarfs und des regionalen wie lokalen Spitzenausgleichs schließt jedoch einen Konkurrenzkampf nicht aus, durch nationale und regionale Gegebenheiten kann er sogar gefördert werden. Es ist aber typisch, daß verwaltungsmäßig und institutionell in den Ländern meist Kohle und Koks zum Bergbau rechnen, Erdöl zur Chemie, Gas und Elektrizität zu den öffentlichen Diensten; die Atomenergie nimmt eine Sonderstellung ein.

Anders in zwischenstaatlicher und internationaler Sicht; hier ist die Unteilbarkeit der Energiewelt und die wechselseitige Abhängigkeit der Energieprobleme untereinander und von dem Problem der Übervölkerung offenbar. Das rapide Ansteigen der Bevölkerung der Erde, besonders in den Entwicklungsländern, ist Tatsache. Es ist klar, daß die Produktion an Nahrungsmitteln und sonstigen Bedarfsgütern nicht nur in gleichem Maße, sondern angesichts der ständig steigenden menschlichen Ansprüche darüber hinaus wachsen muß. Die Deckung dieses sich in weniger als zwei Jahrzehnten voraussichtlich verdoppelnden Bedarfs und überhaupt der Wohlstand der Menschheit ist letzten Endes von der nutzbaren Mobilisierung genügender Energiemengen abhängig. Dabei wäre angesichts der Möglichkeit einer zukünftigen Nutzung thermonuklearer und kosmischer Energien die Frage nach dem Energiekapital der Erde überholt, wenn die z.Z. 90 vollsouveränen Staaten und die etwa 50 teilautonomen und abhängigen sowie überhaupt noch unerschlossenen Gebiete eine wirtschaftliche Einheit bildeten oder sich zumindest auf einige wenige friedlich zusammenwirkende Fach- und Regionalgemeinschaften einigten. Politisch vielfach gehemmt und zuweilen nicht frei von nationalem Egoismus, sind lediglich im letzteren Fall Anfangserfolge zu verzeichnen.

A. Zwischenstaatliche politische Organe der Klassischen Energie

Die vorgeschilderte Situation bringt es mit sich, daß die großen zwischenstaatlichen Regionalzusammenschlüsse sich in erster Linie mit politischen, wirtschaftlichen und Planungsfragen der Energieerzeugung und des Energietransportes innerhalb ihres regionalen Wirkungsbereiches und mit Erfahrungsaustausch befassen. Nur bei der Kernenergie kam es zu überregionaler Weltzusammenarbeit. So gibt es bei der UN-Vollversammlung keinen speziellen Energie-Ausschuß und für die weltweiten Atomenergieprobleme wurde eine besondere unabhängige Organisation geschaffen (s. IAEA). Dafür nehmen sich die vier regionalen Wirtschaftskommissionen des Wirtschafts- und Sozialrates (ECOSOC) der UN der allgemeinen und speziellen Energiefragen in ihrem Bereich an, ohne sich jedoch unmittelbar mit wissenschaftlicher Forschung und technischer Anwendung oder Finanzierung zu befassen: Es sind die wichtigste Wirtschaftskommission des UN/ECOSOC:

ECE   Economic Commission for Europe

CEE   Commission économique pour l'Europe

Europäische Wirtschaftskommission

> Genf; Palais des Nations. T. 331000. 30 Mitgliedsstaaten (die 28 europ. UN-Mitgl. sowie BRD, Schweiz). U.a. Cmt. on Electric Power / Cmt. de l'énergie électrique / Elektrizitätsausschuß; Coal Cmt. / Cmt. du charbon / Kohlenausschuß; Ad hoc Working Party on Gas Problems / Arbeitsgruppe für Gasfragen; sowie eine Reihe von Arbeitsausschüssen und Sachverständigengruppen; ferner beim Sekretariat: Energy Division / Energieabteilung.

sowie die mit Energiefragen bisher noch weniger intensiv befassten:

ECAFE   Economic Commission for Asia and the Far East

CEAEO   Commission économique pour l'Asie et l'Extrême Orient

Wirtschaftskommission für Asien und den Fernen Osten

> Bangkok (Thailand): Rajadamnern Av., Sala Santithan. - U.a. Unterausschuß für Energiefragen.

ECLA   Economic Commission for Latin America

CEPAL   Commission économique pour l'Amérique Latin

        Wirtschaftskommission für Lateinamerika

        Santiago (Chile); Avenida Providencia 871.

ECA   Economic Commission for Africa

CEPA   Commission économique pour l'Afrique

        Wirtschaftskommission für Afrika

        Addis Abeba (Abessinien; noch im Aufbau).

BRD   Mitgl. bei ECE, Beobachter bei ECLA, ECAFE.

"DDR"   gelegentliche Mitarbeit in Unterausschüssen von ECE
        (als autonomes, jedoch nicht als souverän anerkanntes Gebiet).

Besondere Energie-Organe besitzen ferner die nachstehenden zwischenstaatlichen Regionalorganisationen (ihre wesentlich anders gelagerten Kernenergie-Fachorgane werden gesondert in den Kap. D,E,F behandelt):

OEEC   Organization for European Economic Corporation / Organisation

OECE   européenne de Coopération économique, Paris 16 (s.Teil I). -
        Energy Committee / Comité de l'Energie mit Energy Advisory
        Commission / Commission consultative de l'Energie (Energiebeirat)
        für über die einzelnen Energiearten hinausgehende Gesamtenergie-
        und Koordinationsfragen.

        Zu den 16 "Technischen Ausschüssen" (Vertical Committees) der
        OEEC gehören die Ausschüsse für Coal/Charbon, Electricity/Electricité, Gas/Gaz, Oil/Pétrole.

EP   Europäisches Parlament / Assemblée Parlamentaire européenne /
        European Parliamentary Assembly der drei "Europäischen Gemeinschaften" (EGKS, EWG, EURATOM), Luxemburg, 19 Rue Beaumont, hat
        den Ausschuß/Commission Energiewirtschaftspolitik / Politique
        Energétique gebildet.

        Speziell mit Kohlenbergbau und -wirtschaft befaßt sich und ist
        federführend für die Energiekoordinierung im Rahmen der drei
        Gemeinschaften die

EGKS CECA ECSC	Europäische Gemeinschaft für Kohle und Stahl / Communauté européenne du Charbon et de l'Acier / European Coal and Steel Community, Luxemburg (s.Teil I).
Arab League	League of Arab States / Ligue des Etats Arabes, Kairo, 18 Youssef el Quindi Street, Boustan Palace. - Abt. und Sekretariat für Ölfragen (veranstaltet Ölkonferenzen, an denen auch die beteiligten Ölfirmen als Beobachter teilnehmen).
Comecon	Ostblock koordiniert unter Führung Moskaus das Energiewesen der europäischen Ostblockstaaten und plant im Rahmen des Rates für gegenseitige Wirtschaftshilfe / Council for Mutual-Economic Aid, Moskau, Außenministerium. Entsprechend dem Führungsanspruch Moskaus in Osteuropa (Lenin: "Kommunismus ist Sowjetmacht plus Elektrifizierung des ganzen Landes") gibt es hier außer bei Kernenergie keine speziellen gemeinsamen Energieorganisationen im Sinne zwischenstaatlicher oder nichtstaatlicher internationaler Zusammenschlüsse.

B. Nichtstaatliche internationale Wärme- und Elektroenergie

Bei der Klassischen Energie war und ist auch heute die Grundlagenforschung, schon aus der historischen Entwicklung heraus (s.Teil I), Sache der Naturwissenschaften (s.Teil I ICSU). Angewandte Forschung und spezielle Technologie liegen größtenteils bei den Unternehmen, ihren Fachverbänden (s.Teil I UIEO) und gemeinschaftlichen Instituten. Die einzel- wie zwischenstaatliche Initiative braucht hier nicht aufbaufördernd einzugreifen; sie beschränkt sich, auch bei staatseigenen und kommunalen Anlagen, auf koordinierende, regulierende und kontrollierende Behördenfunktionen. Die Entwicklung der Klassischen Energie ist national wie international im Prinzip - nicht in der Dimension der Anlagen - abgeschlossen. So kommt es, daß die einzige, in die Anfänge der Groß- und Fernkraftanlagen sowie der europäischen Verbundwirtschaft gleich nach dem Ersten Weltkrieg zurückreichende Weltorganisation für das Gesamtgebiet der Energie rein privater Natur ist, die

WPC CME	World Power Conference Conférence mondiale de l'Energie Conferencia Mundial de la Energía Weltkraftkonferenz

London WC 2; 201-2, Trafalgar Square. T.Whitehall 3966. -
Vertr. bei UN: Port Washington, 12 Summit Road.

Gegr. 1924 (anlässl. "I.World Power Conf."). Einzige unpolitisch-internationale weltweite Plattform für Techniker, Wissenschaftler, Wirtschaftler, Verwaltungsfachleute, für staatliche, kommunale, private Verbände und Unternehmen auf dem Gesamtgebiet der Brennstoff- wie Energiegewinnung und -nutzung (Kohle, Wasserkraft, Erdöl, Gas, neuerdings Kernenergie) in der Welt. Untersuchungen und Erfahrungsaustausch über Energiequellen und -vorräte der Erde ("Statistical Yearbook"), ihre nat. und internat. Gewinnung und Nutzung, über techn. Methoden, Verbundwirtschaft, Finanzierungsfragen, Energieprobleme der Entwicklungsländer u.ä.

NGO (ECOSOC/B, UNESCO/WMO/IAEA/C; Mitgründer von UIEO; int. Fachorganisationen): nat. WPC-Komitees und -Repräsentanten in 52 (allen energiewichtigen) Ländern (auch Ostblock ohne VR China). (s.Tabelle IV/14, Teil I, S.43).

Organe: Weltkraftkonf. (alle 6 Jahre, dazwischen Teil- und Fachkonferenzen); Int.Exek.Rat, Zentralbüro.

Selbständiges Fachorgan von WPC:

ICOLD / CIGB   International Commission on Large Dams of the WPC / Commission internationale des grands Barrages de la CME / Internationale Talsperrenkommission der Weltkonferenz, Paris 9; 91 Rue Saint-Lazare. T.Trinité 3702. - Gegr. 1928 (anlässl. UNIPEDE-Konf.). Klärung der Probleme von Bau, Betrieb, Unterhaltung großer Talsperren für Zwecke der Energieversorgung, Schiffahrt und Bewässerung in Zusammenarbeit mit UN und ihren Organen. - NGO (UIEO, UNIPEDE): Unterkomitees der WPC-Komitees von 43 Ländern (s.Tabelle IV/1, Teil I, S.43).

BRD: "Deutsches Nationales Komitee WPC" (bei CIGB: "Unterkomitee Talsperren"), Düsseldorf, Prinz-Georgstr. 77

Alle übrigen internationalen nichtstaatlichen Zusammenschlüsse auf dem Gebiet der Klassischen Energie gruppieren sich um die Energieträger Gas oder Erdöl oder Elektrizität. Bei der standortgebundenen und transportabhängigen Kohle gibt es keine internationalen nichtstaatlichen Zusammenschlüsse, auch nicht für die Derivate der Verkokung, Teerdestillation und Hydrierung (Benzol, Teeröle bzw. Benzin, Hydrieröle); als wärmeenergetischer Faktor für die Erzeugung von elektrischer Energie fällt Kohle - ebenso wie Wasserkraft - international unter die hier einschlägig bestehenden Organisationen und insbesondere den WPC.

Auch Gas ist - außer in flüssigem Aggregatzustand - standortgebunden; die in Betrieb befindlichen Ferngasleitungen verlaufen innerhalb nationaler Grenzen, das einzige transkontinentale Projekt einer nordafrikanisch-europäischen Fernleitung für Sahara-Erdgas steht vorläufig auf dem Papier. Zwei internationale Vereinigungen dienen dem Studium der technischen und wirtschaftlichen Probleme der Gasindustrie:

IGU   International Gas Union
UIIG   Union internationale de l'Industrie du Gaz
        Internationale Gas-Union

        Brüssel; 4, Av. Palmerstone. T.335667.
        Gegr. 1931. Technische und wissenschaftliche Fragen der Gasindustrie, int. Zusammenarbeit der Gasingenieure.

        NGO (ECOSOC/Reg., ITU/C UIEO): nat. Verbände (fast 18000 Mitgl.) in 19 Ländern (s.Tabelle IV/7, Teil I, S.43).

DVGW   BRD: "Deutscher Verein von Gas- und Wasserfachmännern e.V.", Frankfurt/M., Beethovenstr. 17.

Etwa ein Drittel der Energieerzeugung der Welt basiert auf Erdöl. Hier ist die politisch und marktwirtschaftlich national wie international sehr unterschiedliche Situation sowie die vertikale Konzernstruktur der internationalen Erdölindustrie bestimmend für die nichtstaatliche Zusammenarbeit. Sie erstreckt sich, sehr aktiv, fast ausschließlich auf wissenschaftliche und technische Probleme, Dokumentation und Erfahrungsaustausch, in erster Linie durch den weltumspannenden "Welt-Erdölkongreß" (1959 an die 500 Teilnehmer) mit seinem Zentralorgan

PCWPC **Permanent Council of the World Petroleum Congress**
Conseil permanent du Congrès mondial du Pétrole
Ständiger Rat des Welt-Erdölkongresses

London W1; 61, New Cavendish Street. T.Langham 3583.
Gegr. 1937 zur vierjährlichen Durchführung des 1933 erstmals abgehaltenen Kongresses; Förderung der wiss. und techn. Forschung, Dokumentation, Koordination der nat. Kongresskomitees.

NGO: Delegierte fast aller nichtöstlichen technisch und fachlich wichtigen Gruppierungen, Unternehmen und wiss. Institutionen u.a. in den 12 Erdöl produzierenden, raffinierenden und verarbeitenden Ländern Belgien, BRD, Frankreich, Großbritannien, Italien, Kanada, Niederlande, Mexiko, Österreich, USA, USSR, Venezuela; vorbereitende nat. Kongresskomitees in 36 Ländern, Kongressteilnehmer insgesamt aus rd. 55 Ländern.

BRD: Einzeldelegierte.

ISAP **Instituto Sudamericano del Petroléo**
South-American Petroleum Institute
Institut Sudaméricain du Pétrole
Südamerikanisches Petroleum-Institut

Montevideo (Uruguay); Avenida Agraciada 1464, piso 9. T.85647.
Gegr. 1941. Studien, Koordination, Dokumentation in allen südamerikanischen Erdölfragen. - NGO (ECOSOC/B): Kollektiv- und Einzelmitglieder.

FEPEM **Federation of European Petroleum Equipment Manufacturers**

FECEP **Fédération européenne des Constructeurs d'équipment pétrolier**
Europäische Vereinigung der Hersteller von Ausrüstungsgegenständen für die Mineralölindustrie

Paris 8; 10, Av. Hoche; 44 bis, Rue Pasquier. T.Mac-Mahon 3800, Laborde 3403.
Gegr. 1953. U.a. technischer Erfahrungsaustausch.

NGO (OEEC): nat. Industrieverbände in Belgien, BRD, Frankreich, Großbritannien, Italien, Niederlande, Österreich.

Elektroenergie, soweit sie mittelbar über standortgebundene Kohle, Wasserkraft und Gas oder über das leicht transportable Öl gewonnen wird, ist regional begrenzt. Bestenfalls an den Meeresküsten der Kontinente endet der Transport des Fernstromes mittels der heute betriebenen bis zu 380 000-Volt-Hochspannungsleistungen; noch vor 30 Jahren waren es 100 000 Volt, die UdSSR soll bereits mit Übertragungsspannungen von 500 000 Volt arbeiten. Der Großabsatz von klassischem Starkstrom ist, soweit er nicht am Standort des Energieträgers oder im Eigenverbrauch erfolgt, ein Transport- und Verteilungsproblem (auch die Atomkraft als Elektroenergieträger muß vorläufig noch den mittelbaren Wärmeweg gehen, doch spielt bei den Kernbrennstoffen die Transportfrage keine Rolle). Aus dieser Situation heraus sind die - national überwiegend staatlichen und öffentlichen - Unternehmen der Elektroenergie international in einer Reihe von selbständigen nichtstaatlichen, meist regional-europäischen, Vereinigungen der Elektrizitätserzeugung, der Hochspannungs-, Verbund- und Verteilungstechnik, sowie der Starkstrom-Elektrotechnik organisiert. Zum Teil befassen sie sich auch mit angewandter Forschung und sind Mitglieder der "Union of International Engieneering Organizations" (UIEO, s.Teil I), vor allem aber mit Erfahrungsaustausch und gemeinsamer Planung. Im westlichen Europa läßt sich bereits von einer integrierten "europäischen Elektrizitätswirtschaft" sprechen, die, unabhängig von zwischenstaatlichen Zusammenschlüssen, in rein privater Initiative zustandekam.

CILPE Conférence internationale de Liaison entre Producteurs d'Energie électrique

International Liaison Conference for Producers of Electrical Energy
Internationale Verbindungskonferenz der Erzeuger Elektrischer Energie
Paris; s.unten UNIPEDE.
Gegr. 1952. Int. Gemeinschaftsorgan der beiden int. Verbände der öfftl. Elektrizitätsversorgung und industriellen Stromerzeugung.
- NGO: UNIPEDE, FIPACE, (s.nachfolgend).

UNIPEDE Union internationale des Producteurs et Distributeurs d'Énergie électrique
International Union of Producers and Distributors of Electrical Energy
Internationaler Verband der Elektrizitätserzeuger und -verteiler

Paris 16; 12,Place des Etats-Unis; T.LABorde 9000; Sekretariat: Paris 8; 23, Rue de Vienne, T.KLEber 0220.

Gegr. 1925. Erfahrungsaustausch auf dem gesamten Gebiet der Elektrizitätserzeugung und -wirtschaft.

NGO (ECOSOC/B, ITU/C): nat. Verbände in 17 Ländern (der OEEC sowie Algerien, Jugoslawien, Polen). - Exek.-, EWG- und 8 Studienkomitees.

VDEW BRD: "Vereinigung Deutscher Elektrizitätswerke e.V.", Frankfurt/M., Bockenheimer Landstr. 109.

FIPACE Fédération internationale des Producteurs autoconsommateurs industriels d'Electricité
International Federation of Industrial Producers of Electricity for Own Consumption
Internationale Vereinigung der industriellen Eigenerzeuger elektrischer Energie

Brüssel; 18-24, Rue des Colonies. T.122342.

Gegr. 1954 (Mailand). Förderung der allg. Interessen auf dem Gebiet der industriellen Energieerzeugung und -wirtschaft.

NGO (OEEC, ECE; WPC, UCPTE, UNICHAL): nat. oder Fachgruppen in den 6 EWG-Ländern und Österreich.

VIK BRD: "Vereinigung Industrielle Kraftwirtschaft e.V.", Essen, Richard-Wagner-Str. 41.

UCPTE Union pour la Coordination de la Production et du Transport de l'Electricité
Union for Coordinating Production and Distribution of Electricity
Union für die Koordinierung der Erzeugung und des Transportes Elektrischer Energie

Sitz je nach Vorsitz und Sekretariat wechselnd, z.Z. DVG, Heidelberg. T.25682.

Gegr. 1951 Paris (auf Empfehlung OEEC). Unabhängiges Gremium zur bestmöglichen Nutzung der in den Mitgliedländern bestehenden und noch zu errichtenden Erzeugungs- und Verteilungsanlagen für elektrische Energie; Förderung des Verbundbetriebes und der Liberalisierung des int. Stromausgleichs.

NGO (WPC): nat. Delegationen aus Vertretern der Elektrizitätswirtschaft und -behörden der 6 EWG-Länder sowie Österreich, Schweiz.

DVG BRD: "Deutsche Verbundgesellschaft e.V.", Heidelberg, Ziegelhäuser Landstr. 5.

CIGRE International Conference on Large Electric Systems
Conférence internationale des Grands Réseaux Electriques à Haute Tension
Internationale Hochspannungskonferenz

Paris 8; 112, Bd. Haussmann. T.LABorde 6512.

Gegr. 1921 (auf Initiative von IEC); Erfahrungsaustausch von Fachleuten aus aller Welt über Energieübertragung durch Hoch- und Höchstspannungen.

NGO (ECOSOC/Reg.; WPC, UIEO u.a.): Kollektiv- und Einzelmitglieder (über 2400) in 45 Ländern (s.Tabelle IV/2, Teil I, S.43); ferner koresp. Mitglieder (rd. 2800) in weiteren rd. 10 Ländern der Welt. - 19 int. Studienkomitees.

BRD: "Deutsches Komitee CIGRE" (federführend "Verband Deutscher Elektrotechniker e.V."), Frankfurt/M., Osthafenplatz 6.

"DDR": Einzelmitglieder.

Mittelbar wird das Gebiet des Kraftstromtransportes berührt auch von:

CMI Commission Mixte Internationale pour la Protection des Lignes de Télécommunication et des Canalisations
Joint International Committee for the Protection of Telecommunication Lines and Underground Ducts
Internationale Gemischte Kommission zum Schutze der Fernmeldelinien und Kanalisationsanlagen

Genf; Place Châteaubriand. T.326710.

Gegr. 1927. Gemeinsame Grundlagen für den Schutz der Kabel und Röhren gegen Gefährdung durch Stromleitungen, Bahnlinien, Korrosion usw. - NGO (ESOSOC/Reg.): ITU/CCIT; CIGRE, UNIPEDE, IGU, UIC; nat. Behörden und Verbände in 13 europäischen Ländern.

DB   BRD: BMP; "Deutsche Bundesbahn"; Vereinigung Deutscher Elektrizi-
VDEW tätswerke e.V., Frankfurt/M., Bockenheimer Landstr. 109.

IEC   <u>International Electrotechnical Commission</u>
CEI   <u>Commission électrotechnique internationale</u>
        <u>Internationale Elektrotechnische Kommission</u>

Genf; 1 Rue Varembé. T.341160.

Gegr. 1904/06 (St. Louis / London); seit 1947 völlig autonome elektrotechnische Abt. der "Int. Standardization Org." (ISO, s. Kap. H). Int. Terminologie und Normung für das gesamte Gebiet der Elektrotechnik und ihrer Grenzgebiete; "IEC-Empfehlungen" (bisher über 80).

NGO (ITU, IAEA; OIML; CEE): nat. Komitees (aus Vertretern techn. und wiss.Verbände) in 33 Ländern (Europa ohne Albanien, "DDR", Luxemburg, Irland, Island, Vatikanstadt; ferner Argentinien, Australien, Brasilien, VR China, Indien, Israel, Japan, Kanada, Südafrika, USA, Ver.Arab.Rep.). - 47 Techn. Komitees (TC's).

       BRD: "Deutsches Komitee IEC" (federführend "Verband Deutscher
VDE   Elektrotechniker e.V."), Frankfurt/M., Osthafenplatz 6.

Zugehöriges teilautonomes Gemeinschaftsorgan:

CISPR   <u>International Special Committee on Radio Interference</u>
         <u>Comité international spécial des Perturbations radioélectriques</u>
         <u>Internationaler Sonderausschuss für Funkentstörung</u>

London W 1; 2, Park Street.

Gegr. 1933 (auf Initiative IEC). - NGO: die einzelnen nat. Komitees von ITU; CEE, CIGRE, IEC, UNIPEDE u.a.

CEE   <u>International Commission on Rules for the Approval of Electrical Equipment</u>
        <u>Commission internationale de Réglementation en vue de l'Approbation de l'Equipment électrique</u>
        <u>Internationale Kommission für Regeln zur Begutachtung Elektrotechnischer Erzeugnisse</u>

Arnheim (Holl.); Utrechtseweg 310. T.21441.

IFK   Gegr. 1946 (Nachf. der "Installationsfragen-Kommission", 1926). Ausarbeitung von Bau- und Prüfbestimmungen für elektrische Stromverbrauchsgeräte in Haushalt und Gewerbe sowie für Installationsmaterial.

NGO (IEC): nat. Komitees und Sekretariate in 15 kontinentaleuropäischen Ländern (nicht UdSSR); Beobachter aus USA.

BRD: "Deutsches Komitee CEE" (federführend "Verband Deutscher Elektrotechniker e.V."), Frankfurt/M., Osthafenplatz 6.

UIE   Union internationale d'Electrothermie
International Union for Electroheat
Internationale Elektrowärme-Union

Paris 15, 14 Rue de Staël. T.SEGur 0868.
Gegr. 1953 (bis 1957 "Bur. Int. d'Electrothermie"). Wiss., techn. und nichtkommerzielle Fragen der Elektrowärmeanwendung.

NGO: nat. Komitees in Belgien, BRD, Frankreich, Großbritannien, Italien, Japan, Jugoslawien, Niederlande, Österreich, Polen, Schweden, Schweiz u.a.

DK-EW   BRD: "Deutsches Komitee für Elektrowärme" (federführend "Verband Deutscher Elektrotechniker e.V."), Frankfurt/M., Osthafenplatz 6.

UNICHAL   Union internationale des Distributeurs de Chaleur
International Union of Heating Distributors
Internationale Vereinigung der Wärmeverteiler

Paris 8; 73, Bd.Haussmann. T.ANJou 3700.
Gegr. 1954. Studium der Probleme der Fernwärmeversorgung für alle Verwendungszwecke, sofern die Leitungen öfftl. Wege benutzen.

NGO: Einzelunternehmen in Belgien, BRD, Dänemark, Großbritannien, Frankreich, Niederlande, Schweden, Schweiz u.a.

BRD: Einzelmitglieder.

C. Atomare Weltkonstellation, UN und IAEA

Mit der Kernenergie trat eine neue Energiequelle von bisher ungeahnten Möglichkeiten auf den Plan. Sie ist der Stein der Weisen, der beinahe aus Nichts Kräfte und Werte schafft. Seitdem der wissenschaftlichen Forschung die technisch-wirtschaftliche Nutzung folgte, haben die Auwirkungen der atomaren Entwicklung universell und ungestüm alle Gebiete der Technik und Wirtschaft, nicht zu reden von Machtpolitik und Kriegspotential der Regierungen, erfaßt.

Eine Anwendung der Kernenergie ist die Erzeugung von unmittelbarer Wärme- und mittelbarer elektrischer Energie. Das bedeutet nicht, daß die Klassische Energie ihre Bedeutung verloren hat. Doch ist die weltweite friedliche Nutzung der Kernenergie das größte Positivum für die künftige Entwicklung der Menschheit. Sie hängt ab in erster Linie von der internationalen friedlichen Zusammenarbeit der Wissenschaftler und Techniker und wird, je nachdem, gefördert oder gehemmt durch den Friedenswillen, den Ehrgeiz oder das Machtstreben der Politiker und Wirtschaftler in den Regierungen.

Der Mann auf der Straße, der friedliche Bürger, hat darauf nur wenig Einfluß. Um so größer ist die Verantwortung der wissenschaftlich-technischen gegenüber den politisch-militärischen Experten. Die Tatsache der Spaltung und Fusion, der Bändigung und der Möglichkeit des Mißbrauchs des Atoms ist nicht mehr aus der Welt zu schaffen; ebensowenig die Existenz waffengesicherter, gegensätzlicher internationaler Bindungen, Verteidigungspakte, Militärhilfeabkommen. Seit Jahren droht apokalyptisch der "push button war", der durch einen Druck auf den Knopf jählings entfesselbare globale Atomkrieg.

Die Kernenergie führt, weltumwälzend, ein neues Zeitalter herauf; oder sie wird zum Totengräber der Zeit, die sie entdeckte. Es ist ein unausweichliches Entweder-Oder, aber dadurch vielleicht ein Glück: kein Staatsmann und kein Militär kann über die Wahl seiner Mittel wie die Folgen im Zweifel sein, solange ein gewisses Gleichgewicht des atomaren Potentials in der zweigespaltenen Welt besteht. Zwischen "Atom-Ende" und "Goldenem Zeitalter" gibt es eine Reihe von Variationen. Ein "goldenes Zeitalter" setzt mehr Vernunft voraus, als sie den Völkern und ihren Regierungen gegeben ist. Aber nur Wahnsinnige könnten das andere Extrem wählen; es ist gleichbedeutend mit der totalen Selbstvernichtung der Menschheit.

Es ist die positive Seite der atomaren Entwicklung, daß die Kernenergie eine friedliche Lösung der Probleme geradezu aufzwingt. Regierungen und Wirtschaft, besonders aber Wissenschaft und Technik haben hier eine Mission zu erfüllen. Mehr noch als bei der Klassischen Energie ist dies nur auf regionaler oder weltweiter zwischenstaatlicher wie nichtstaatlich-internationaler, institutioneller Basis möglich. Unabhängig von den seit 10 Jahren sich hinziehenden Abrüstungsverhandlungen der Regierungen ist auf dem Gebiet der friedlichen Erzeugung und Nutzung der Kernenergie seit zwei Jahren das Stadium politischer Erörterungen, theoretischer Projekte und staatsvertragsrechtlicher Vorbereitungen abgelöst worden durch die Realität ratifizierter Verträge; die Organisationen stehen, der wissenschaftlich-technische Austausch, der praktische Ausbau der Verfahrenstechnik läuft, neben den Versuchs- entstehen Leistungsanlagen.

Nun ist interessant, festzustellen: trotz ihrer umwälzenden weltpolitischen Bedeutung hat die Kernenergie zwischenstaatlich-organisatorisch nichts grundsätzlich Neues hervorgebracht. Dampfkraft, Elektrizität und Maschine führten zu neuen Formen der organisierten internationalen Zusammenarbeit, zu "Internationalen" im weitesten Sinne des Wortes. Sämtliche heute mit der Erforschung und Nutzung der Kernenergie befassten internationalen Institutionen hingegen lehnen sich, ob rein wissenschaftlich, ob politisch, wirtschaftlich oder selbst militärisch, an bereits bestehende internationale Zusammenschlüsse und Gruppierungen an; neu ist lediglich die funktionell bedingte Tatsache der wissenschaftlichen Gemeinschaftsarbeit sowie der politischen und militärischen Teilintegration.

Jede internationale Regelung der atompolitischen und kernwirtschaftlichen Probleme auf der Welt-, europäischer und sonstiger regionaler sowie auf fachlicher Ebene wird, wie die Dinge heute liegen, abhängig sein von mindestens einer der beiden Atomgroßmächte USA und UdSSR. Die dritte Atommacht, Großbritannien, kann nicht als allein ausschlaggebend angesehen werden; sie ist durch ein besonderes zehnjähriges Atomabkommen vom 15.7.1956 mit den USA liiert. Die verschiedenen offiziell-bilateralen Atomabkommen dieser drei Mächte mit anderen Staaten (USA über 40, GB etwa 20, UdSSR mindestens 12; nicht gerechnet die Abkommen mit IAEA und multilateral-regionaler Natur) zwecks Förderung und Austausch auf friedlich-wissenschaftlichem und -technischem Gebiet haben, anders als sonst bei wissenschaftlicher und technischer Zusammenarbeit, auch eine gewisse zwischenstaatlich-politische Bedeutung.

In den USA lenkt und kontrolliert mit außerordentlichen Vollmachten das gesamte militärische und friedliche Nuklearprogramm, lizensiert und koordiniert die private Forschung und Produktion die überministerielle zivile "Atomic Energy Commission"(US/AEC). Sie wurde 1946 aus der bisherigen Kriegsorganisation "Manhattan Engineer District" geschaffen und untersteht nur dem obersten "National Security Council" der USA (US/NSC). Ihre "Division of International Affairs" ist zuständig für die zweiseitigen Atomhilfe-Abkommen der USA (auf Grund des Standardvertrages über die "Zusammenarbeit zur friedlichen Verwertung der Atomenergie" vom Mai 1955).

In engem Austausch und vertraglicher Zusammenarbeit mit der US/AEC steht die höchste offizielle britische Atombehörde, die zivile Atomic Energy Authority (UK/AEA), London; Aufsichtsbehörde ist der "Minister of Power/ Energieversorgungsminister".

Die UdSSR hat seit 1946 die Bearbeitung aller Atomenergiefragen ebenfalls wie die USA in einem überministeriellen, zivilen Organ (mit Kabinettsrang) zusammengefaßt, das unmittelbar dem Präsidium des Ministerrates der UdSSR bzw. dem Präsidium des Zentralkomitees der KPdSU verantwortlich ist, der Hauptverwaltung für Atomenergienutzung, Moskau.

Neutrale Staatengruppierungen in der Welt, auch wenn sie zuweilen die Rolle einer "Dritten Kraft" für sich in Anspruch nehmen möchten, sind gegenüber der Zusammenballung von spaltbarem Material, Atomanlagen und -waffen bei den obigen beiden Mächtegruppen und damit im strategischen wie wirtschaftlichen Weltbild ohne Bedeutung. Selbst der Besitz von unerschlossenen Uranerz-Vorkommen kann bestenfalls zur Einbeziehung als Bundesgenosse oder als Entwicklungsland führen; zudem ist es nur eine Frage der Zeit - und allerdings der Finanzen -, wann die tausendfache Energiemengen freisetzende explosive thermonukleare Verschmelzung der überall herstellbaren Wasserstoff-Isotopen Deuterium und Tritium zu Helium sich praktisch bis zur gesteuerten friedlichen Energiegewinnung abbremsen läßt.

Noch gibt es keinen Club der (neben vorstehenden in absehbarer Zeit einmal) atomenergiefähigen Länder. Frankreich und Kanada sind dem Rang einer Atommacht am nächsten. Im übrigen schätzt eine Untersuchung der "American Academy of Arts and Science" von Mitte 1950 10 weitere Länder als finanzkräftig und fortgeschritten genug, um demnächst selber Atombomben herstellen, d.h. also auch entsprechende Forschungsinstitute unterhalten und eigene Energiegewinnungsanlagen errichten zu können: Belgien, Bundesrepublik Deutschland, "DDR", Indien, Italien, Japan, Rotchina, Schweden, Schweiz, Tschechoslowakei. 8 weiteren Ländern traut der Bericht die Produktion von Kernwaffen bis 1964 zu: Australien, Dänemark, Finnland, Jugoslawien, Niederlande, Österreich, Polen, Ungarn. 5 Länder, Brasilien, Mexiko, Norwegen, Spanien und Südafrikanische Union, besitzen wohl die Rohstoffe für ein eigenes Atomenergieprogramm, jedoch nicht die wissenschaftlichen und industriellen Voraussetzungen.

Die einzige wirklich umfassende - wenn auch lose - zwischenstaatliche Organisation in der Welt sind die "Vereinten Nationen" (UN; s. Teil I). Sämtliche oben erwähnten Staaten gehören zu ihren ordentlichen Mitgliedern außer "DDR" und Rotchina; Bundesrepublik Deutschland und Schweiz sind nicht Mitglieder der UN selber, jedoch ihrer Fachorganisationen und Sonderbehörden. Die Spannung zwischen Ost und West brachte es mit sich, daß die ersten Bemühungen der UN seit 1949 um eine internationale Regelung der atomaren Weltprobleme sich auf das militärische Anwendungsgebiet konzentrierten. Seit 1954 reiht sich, ohne Erfolg, in der Abrüstungskommission des "Sicherheitsrates der Vereinten Nationen" eine Abrüstungskonferenz an die andere, nachdem bereits 1952 die "Atomic Energy Commission" (AEC) des "Security Council" (SC) der UN mit der "Commission for Conventional Armements" (CCA) zur <u>Disarmement Commission</u> der UN, sowohl für konventionelle wie für Atomwaffen, vereinigt worden war.

Auch die Bemühungen der "Vereinten Nationen" um Frieden und Abrüstung stehen und fallen mit der Mitarbeit und dem guten Willen der beiden Atom-Giganten USA und UdSSR. Wirkliche Erfolge jedoch erzielten sie nur bei ihren Bemühungen um eine internationale Zusammenarbeit zur friedlichen Nutzung der Atomenergie für die gesamte Menschheit. Diese Initiative, die sich vorwiegend auf eine wissenschaftliche und technische Kooperation erstreckte, wurde bereits am 8.12.1953 in einer Adresse Präsident Eisenhowers an die UN anlässlich der Verkündung des amerikanischen "Atoms for Peace-Programms" vorgeschlagen und am 4.12.54 von der IX.Vollversammlung (General Assemblee) der UN in einstimmiger Resolution beschlossen. Fachlich zuständig bei UN ist

UN/GA Advisory Committee on the Peaceful Uses of Atomic Energy
Comité consultatif sur l'Utilisation de l'Energie atomique à des Fins pacifiques
Beratungsausschuß für die friedliche Verwendung der Atomenergie

Durchführung der International Conference on Peaceful Uses of Atomic Energy / Conférence internationale sur l'Utilisation de l'Energie atomique à des Fins pacifiques / Internationale Konferenz für die friedliche Verwendung der Atomenergie, abgehalten in Genf 8.-20.8.1955 (I. Konf.) unter Beteiligung von rd. 1400 delegierten Wissenschaftlern aus 73 Ländern (auch BRD) und 1.-13.9.1958 (II. Konf.) mit insgesamt rd. 5000 Wissenschaftlern und Beobachtern aus 69 Ländern (einschl. BRD); beide Konferenzen in Verbindung mit einer offiziellen "Atomausstellung" und einer kommerziellen Fachfirmenschau. Es waren die größten international-wissenschaftlichen Konferenzen, die bisher stattfanden; in kollegialer Offenheit tauschten die Wissenschaftler (auch des Ostblocks) ihre friedlichen Erfahrungen auf den nichtmilitärischen Gebieten aus.

Auf Initiative der UN-Vollversammlung wurde 1955/56 die Gründung der IAEA beschlossen; sie ist neben den UN-Organisationen die einzige unabhängige zwischenstaatliche Weltorganisation. Sie ist autonom und gilt trotz engster Zusammenarbeit (Agreement v.11.1.57) nicht als eine der UN-abhängigen Sonderorganisationen (Specialized Agencies/SA's).

IAEA International Atomic Energy Agency
AIEA Agence Internationale de l'Energie Atomique
OIEA Organismo Internacional de Energía Atómica
IAEO Internationale Atomenergie-Organisation

Wien I, Kärntnerring 11, T.524525.
Gegr. 26.10.1956 (nach Initiative USA-Präs. Eisenhower 1953 und einjähriger Vorbereitung durch UN) auf einstimmigen Beschluß der damals 81 Mitgliedregierungen der UN.

Aufgabe und Tätigkeit (begonnen 1.10.1957 mit I.Gen.Konf.): den Beitrag der Atomenergie für Frieden, Gesundheit und Wohlstand in der ganzen Welt zu beschleunigen und zu erweitern durch Förderung sowie tätige Unterstützung der Erforschung und praktischen Anwendung der Atomenergie zu friedlichen Zwecken; Beschaffung und Vermittlung von Spaltmaterial, Ausrüstungen und Dienstleistungen (als Händler und Makler) sowie Verwendungskontrolle gegen Mißbrauch für militärische Zwecke; Informationsaustausch, Fachkongresse, Symposien, Studienkurse, Stipendien; Gesundheitsschutz- sowie Sicherheitsmaßnahmen und -normen; Erwerb und Erstellung von Anlagen und Ausrüstungen, sofern für vorstehende Aufgaben notwendig. Dies alles zum allgemeinen friedlichen Nutzen unter besonderer Berücksichtigung der Entwicklungsländer (Atomenergie kein Privileg einzelner Besitzländer!); Beachtung der einzelstaatlichen Souveränität und Gleichberechtigung; zwei- und mehrseitige Abkommen mit Staaten und int. Organisationen (z.T. Konsultativ-Status).

IGO: bisher 70 den UN oder ihren Fach- und Sonderorganisationen angehörige souveräne Staaten (sämtliche UN-Mitgl. außer Bolivien, Chile, Costa-Rica, Ghana, Guinea, Irland, Jemen, Jordanien, Kolumbien, Laos, Libanon, Liberia, Libyen, Malaya, Nepal, Panama, Saudi-Arabien, Uruguay; ferner BRD, Monaco, Schweiz, Süd-Korea, Süd-Vietnam, Vatikan; - Beobachter: BANK, FAO, ICAO, ILO, UNESCO, WHO, UN/TAB. - Beiträge 1959: 5,225 Mill. US-Dollar Verwaltungsbudget, 1,5 Mill. (freiwilliger) Sonderfonds; 1960: 5,483 und 2,390 Mill. Dollar. - Fonds an spaltbarem Material: 5150 kg (davon 5000 von USA).

Organe: Gen.Konf. (jährl.); Gouverneursrat (Board of Governors, nicht nur Aufsichts-, sondern höchstes geschäftsführ. Organ; 23 je 1 bis 2 Jahre amtierende Vertreter der 5 wichtigsten Atommächte Frankreich, Großbritannien, Kanada, USA, USSR, der 5 atomenergiewichtigsten Staaten in vorstehend noch nicht vertretenen kontinental-regionalen Räumen, 2 sonstige Erzeugerländer von Ausgangsmaterial, 1 sonstiges Lieferland für techn. Hilfe, sämtliche gewählt vom ausscheidenden Gouv.Rat; ferner 10 Vertreter noch nicht gebührend berücksichtigter Länder bzw. geographischer Räume, gewählt von Gen.Konf.). - Wiss. Beratungsausschuß (7 Wissenschaftler, z.T. identisch mit den entspr. wiss. Beratern bei UN); ad hoc Arbeitsgruppen und Experten-Gremien. - Gen. Dir. mit 5 Hauptabt. (Ausbildung, techn. Information / Techn. Angelegenheiten / Forschung und Isotope / Sicherheitsmaßnahmen und Inspektion / Verwaltung, Außenbeziehungen, Sekretariat) und 19 Abteilungen; Atom-Laboratorium in Wien.

BRD: BMAt (Budgetanteil 3,8-4%).

Internationaler IAEA-Kreis:

UN und SA's s.oben. - Akkreditiert mit Konsultativ-Status:
ICA, ICC, ICFTU, IFCTU, ISO, WFUNA, WPC, (s.dort).

Forschung, friedliche Projekte und Erfahrungsaustausch auf dem Gebiet
der Kernenergie sowie der Isotopen fördert im Rahmen ihres naturwissenschaftlichen Forschungs- und technischen Hilfsprogramms vornehmlich die
einschlägige Fachorganisation (Specialized Agency / SA) der UN, die
UNESCO nebst den zugehörigen (nichtstaatlichen) Weltgremien der Natur-
und Ingenieur- sowie auch der medizinischen Wissenschaften (s.Teil I
UNESCO, ICSU/CIUS, UIEO/UATI, CIOMS).

D. Regionale Atom-Gemeinschaftsforschung

UN, UNESCO und IAEA fördern, koordinieren und unterstützen mittelbar auf
Weltbasis. Unmittelbare internationale Forschungs- und Ausbildungsinsti-
tutionen gibt es nur auf regionaler Ebene, meist zwischenstaatliche, aber
auch nichtstaatliche. Als erste derartige und zugleich erste autonome
zwischenstaatlich-wissenschaftliche Gemeinschafts-Institution überhaupt
entstand unter Schirmherrschaft der UNESCO die

CERN   European Organization for Nuclear Research
         Organisation européenne pour la Recherche nucléaire
         Europäische Organisation für Kernforschung

         Genf 23; Meyrin.
         Gegr. 1953 (auf Initiative UNESCO 1950/51 und des 1952 aus
CERN   Wissenschaftlern gebildeten "Eur.Cl.for Nuclear Research / Cl.
         eur. pour la Recherche nucléaire / Eur. Rat für Kernforschung").
         Gemeinsame Kernforschung sowie Grundlagenforschung auf dem Gebiet
         der Elementarteilchen für ausschließlich nichtgeheime und fried-
         liche Zwecke auf zwischenstaatlicher Grundlage in Europa; Koor-
         dinierung und gemeinsame Finanzierung (erste derartige autonome
         int.-wiss. Gemeinschafts-Institution) z.B. des Wissenschaftlichen
         Institutes mit Synchrozyklotron von 600 Mill. Elektronen-Volt (MEV)
         und Protonen-Synchroton von 28 Mrd.Elektronen-Volt (GEV) als For-
         schungs- und Ausbildungszentrum.

IGO (Agreement mit UNESCO; IUPAP): die 12 Signatarmächte der Konvention von 1953 Belgien, BRD, Dänemark, Frankreich, Griechenland, Großbritannien, Italien, Jugoslawien, Niederlande, Norwegen, Schweden, Schweiz, sowie (nachträglich) Österreich; weitere eur. UNESCO-Mitglieder können beitreten.

Organe: Rat (CERN; je 2 = 26 wiss. Vertr., berufen von ihren Regierungen); Ratskomitee (Exek.Organ), Finanzkomitee, Wiss.Komitee; Wiss. Informationsdienst.

BRD: BMAt (Beteiligung mit 18-20% der Investitions- und Betriebskosten von rd. 250 Sfrs bis 1960).

Private Gesellschaft zur praktischen Ergänzung der Tätigkeit von CERN:

EAES European Atomic Energy Society
Société européenne d'Energie atomique
Europäische Atomenergiegesellschaft

Rom; Via Belisario 15 c/o CBRN (Sekretariat).
Gegr. 1954 London. Förderung der praktischen friedlichen Nutzung der Kernenergie, Zusammenarbeit und Erfahrungsaustausch für industrielle und andere nichtmilitärische Anwendungszwecke; keine eigene Forschung.

NGO: nat. Atomenergiekommissionen in bisher 12 europäischen Ländern, die ein eigenes Atomenergieprogramm besitzen, Belgien, BRD, Dänemark, Frankreich, Großbritannien, Italien, Norwegen, Niederlande, Portugal, Schweden, Schweiz, Spanien.

BRD: BMAt, "Deutsche Atomenergiekommission", Bonn.

Auch der Ostblock schloß sich offiziell auf nichtmilitärisch wissenschaftlichem Gebiet zusammen im

Ob-edinennyj institut jadernych issledovanij
Komatom Joint Institute for Nuclear Research
Institut unifié des Recherches nucléaires
Vereinigtes Kernforschungsinstitut (des Ostblocks)
("Komatom" wurde vom Westen geprägt und ist nicht offiziell)

Dubna (bei Moskau) / Moskau; Head Post Office Box 79. T.I-19961.

Gegr. 1956 (auf Initiative der "Akademie der Wissenschaften der UdSSR") als zentrales Forschungs- und Ausbildungsinstitut für friedliche Zwecke der Kernenergie unter sowjetischer Führung. Synchro-Zyklotron von 680 MEV, Synchrophasotron von 10 GEV. Promotionsrecht.

IGO: die 12 Regierungen von Albanien, Bulgarien, VR China, CSR, DDR, Mongol.VR, Nordkorea, Nordvietnam, Polen, Rumänien, Ungarn, UdSSR.

Organe: Verw. u.Fin.Rat; Wiss.Rat (die Direktoren und bis zu 3 Wissenschaftler je Mitgliedstaat, ernannt von ihren Regierungen.

"DDR" (Beteiligung 6,75% gegenüber 47,25% der USSR): "Amt für Kernforschung und Kerntechnik" Berlin (Ost) mit "Zentralinstitut für Kernphysik", Dresden-Rossendorf.

Gegenüber den Atomgroßmächten und den vorgenannten Institutionen steckt die gemeinsame friedliche Kernforschung in anderen Gebieten noch in den Anfängen, wenn auch in einzelnen Ländern bereits nationale Forschungs- und technische Anlagen in Betrieb sind.

Der Nordische Rat der skandinavischen Länder hat das gemeinschaftliche Institut für theoretische Atomphysik in Kopenhagen und zusammen mit Holland die Nordische Reaktorschule in Kjeller bei Oslo eingerichtet.

Das Southeast Asia Atomic Centre der Regierungen des Colombo-Planes (s. Teil I) in Manila auf den Philippinen wurde mit Hilfe der USA fertiggestellt und soll zu einer - der ersten - Atom-Universität ausgebaut werden.

Die Regierungen der Central Treaty-Organization /Zentralverteidigungsorganisation in Ankara (CENTO, früher Bagdadpaktorganisation), Großbritannien, Iran, Pakistan, Türkei, planen mit Hilfe Großbritanniens ein Kernforschungszentrum in Teheran.

Innerhalb der Organization of American States / Organización de los Estados Americanos (OAS), Washington 6, die sämtliche lateinamerikanischen Staaten und die USA umfaßt, betreibt die Inter-American Nuclear Energy Commission als beratende Körperschaft für technische, wirtschaftliche und Verwaltungsfragen der Kernforschung und Kerntechnik die Koordinierung von Forschungs- und Ausbildungsproblemen sowie der Atomprogramme der Regierungen mit dem Ziel einer "Panamerikanischen Atomenergiegemeinschaft".

Alle diese und ähnliche künftige internationalen Projekte werden nur in zwischenstaatlichem Zusammenwirken der Regierungen zu verwirklichen sein. Doch waren und sind bei den Vorbereitungen wie bei der Durchführung weitgehend die nichtstaatlichen internationalen Spitzen- und Fachorganisationen der Naturwissenschaften und Technik (s.Teil I), der Elektrotechnik (s. Kap.B) und sonstige internationalen Fachverbände beteiligt, z.B. Normung, automatische Kontrolle, elektronische Steuerung (s.z.B. ISO, IFAC, AIC).

E. Kernenergie und westlich-europäische Kooperation

Im westlichen Europa der Organisation für Europäische wirtschaftliche Zusammenarbeit (OEECE/OECE, 1949, s. Teil I) und der Europäischen Gemeinschaften (EGKS, EWG, EURATOM, 1950, 1957, 1957, s. Teil I) wird die zwistaatliche Gemeinsamkeit auf dem Gebiet der Kernforschung sowie vor allem der Kerntechnik und der praktischen Nutzung institutionell wie funktionell bestimmt durch gleiche wirtschaftliche, kulturelle und z.T. auch politische sowie militärischen Interessen. Die letzteren fallen, soweit sie organisatorische Formen angenommen haben, in den Bereich des atlantischen Verteidigungssystems der NATO und der mit ihr verbundenen "Westeuropäischen Union" (WEU, beide s. Teil I).

Die vorerwähnte europäische Institution "CERN" ist demgegenüber ein rein wissenschaftliches Vorhaben und greift gebietsmäßig über den obigen Rahmen hinaus. Sie steht als UNESCO-Gründung sämtlichen europäischen UNESCO-Mitgliedern offen, sofern diese wissenschaftlich, technisch und personell zur Mitarbeit in der Lage sind; während die Organe der westlich-europäischen Kooperation und Integration ihre Position ohne Beteiligung der östlichen Warschauerpakt-Staaten und deren Wirtschaftsorganisation COMECON an der Seite der USA bezogen haben.

Zwei Wege und Organisationen zeichnen sich praktisch heute in der wirtschaftlich und politisch bedingten Zusammenarbeit der verbündeten und befreundeten Staaten des westlichen Europas auf dem Teilgebiet der friedlichen Atomenergieerzeugung und -nutzung ab: das ist die zwischenstaatliche, verhältnismäßig lockere Regierungs-Kooperation im Rahmen der OEEC (18 europäische Staaten) unter Einschluß der Atommächte Großbritannien sowie - assoziiert - USA und Kanada einerseits, sowie andererseits die teilweise überstaatliche - allerdings stark verwässerte - Integration innerhalb der "Europäischen Gemeinschaften" (6 Staaten) in Gestalt von EURATOM und kontrolliert durch das gemeinsame "Europa-Parlament".

Bei OEEC gehört die Kernenergie nicht zu den ständigen Technischen Ausschüssen (Vertical Commitees; s.Kap.A) wie Kohle, Energie, Gas, Öl, sondern wird wahrgenommen von

OEEC
: Steering Committee for Nuclear Energy
Comité de Direction de l'Energie nucléaire
Direktions- (Lenkungs-) Ausschuß für Kernenergie

Errichtet 1956 (Nov.); erste europäische Atomenergiebehörde und selbständiges Direktorium innerhalb der OEEC. Die OEEC-Planung sieht gemeinsame, privat und national nicht durchführbare, Anlagen und Beschaffungen, Sicherheits- und Ausbildungsmaßnahmen vor, sonst jedoch eine möglichst rücksichtsvolle Koordinierung und Förderung der nationalen Forschung, Projekte und privaten Initiative; ferner weitgehend liberalisierte Beschaffung und Handel mit Spaltmaterial und Kernbrennstoffen sowie Sicherheitskontrolle (Kontroll-Konvention gegen militärischen Mißbrauch, noch nicht in Kraft). Koordinierung der nationalen Gesetzgebungen für Strahlenschutz, Atomschädenhaftpflicht und Atomrisikoversicherung. Zusammenarbeit mit anderen internationalen Organisationen, insbesondere EURATOM und IAEA; Informationstagungen.

Nicht alle zugehörigen 18 OEEC-Staaten beteiligen sich kollektiv an allen gemeinsamen Atomenergieprojekten, Separatübereinkommen zwischen bestimmten Ländergruppen sind möglich. Ausführendes Organ ist die

ENEA
: European Nuclear Energy Agency
Agence européenne pour l'Energie nucléaire
Europäische Kernenergie-Agentur

Paris 16; 38, Bd. Suchet. T.TROcadéro 4610.
Gegr. 1957 (Dez.) mit einem Minimum an Personal. In Ausführung begriffene Gemeinschaftsprojekte gem. obiger OEEC-Planung: "Halden-Projekt" (Siedewasser-Reaktor in Halden/Norwegen); "Dragon-Projekt" (gasgekühlter Hochtemperatur-Reaktor) in Winfrieth Heath, Dorset (GB); ferner die großtechnische Anlage der hierfür errichteten Kapitalgesellschaft:

EUROCHEMIC
: European Company for the Chemical Processing of Irradiated Fuels / Société européenne pour le Traitement chimique des Combustibles irradiés / Europäische Gesellschaft für die Chemische Aufarbeitung Bestrahlter Kernbrennstoffe; Mol (Belgien).

Gegr. 1957 (Dez.) gem. EUROCHEMIC-Konvention (noch nicht voll ratifiziert). Anlage zur Aufarbeitung von bestrahlten Kernbrennstoffen, insbesondere Atommüll, und Gewinnung von Isotopen kommt 1961 in Betrieb. Beteiligt: 13 OEEC-Staaten und Privatindustrie (BRD mit 17% des Kapitals).

Im Gegensatz zur zwanglos koordinierenden und kooperierenden OEEC sind die Europäischen Gemeinschaften teils mehr (EGKS) teils weniger (EWG, EURATOM) mit supranationalen Befugnissen ausgestattete Träger und Exponenten einer kleineuropäischen Integration der 6 ursprünglichen EGKS-(Montanunions-) Staaten und des "Gemeinsamen Marktes". Nach ihrer Auffassung ist auch auf dem Fachgebiet der westlich-europäischen Kerntechnik und Atomwirtschaft eine engere Bindung im großen gesamteuropäischen Rahmen infolge des unterschiedlichen Standes von Wissenschaft, Technik und der finanziell-wirtschaftlichen Möglichkeiten in den einzelnen Ländern vorerst undurchführbar. Die Gegner, d.h. also die Anhänger einer nicht-integrierten aber groß-europäischen Lösung, halten dem entgegen, daß bereits die klassische Energiewirtschaft mit ihrem weiträumigen Verbundsystem längst über die Grenzen des Montanunionsgebietes der Sechs hinausgewachsen ist; weit mehr noch müßte eine gemeinsame Kernenergieplanung und -wirtschaft unbedingt den gesamteuropäischen Raum westlicher Prägung, das bedeutet also das OEEC-Gebiet, einheitlich umfassen.

Die straffere Bindung der 6 Montanunions-Staaten führte unter nicht immer einfachen Verhandlungen 7 Jahre nach Errichtung der am weitestgehenden integrierten Montanunion - wenn auch ohne direkte Beteiligung der USA und Großbritanniens - zur Fach- und Teilgemeinschaft auf dem Wege der europäischen Einheit, zur

EURATOM Europäische Arbeitsgemeinschaft
EAG Communauté Européenne de l'Energie atomique
European Atomic Energy Community

Brüssel; 51, Rue Belliard. T.154090.
Gegr. 1957 zur Förderung von Kernforschung und -technik zwecks Aufbau einer gemeinschaftsverbundenen machtvollen Kernforschung und Atomwirtschaft in den 6 Signatarstaaten.
Aufgaben lt. EURATOM-Vertrag: Durchführung eines eigenen Forschungs- und Entwicklungs- (nicht Fabrikations-) Programms (zunächst auf 5 Jahre, 1958-62, 215 Mill.US-Dollar); Begutachtung und u.U. tätige Unterstützung der nationalen Forschungs-

und Fabrikationsprogramme sowie ihre Koordinierung mit EURATOM, evtl. besonderer EURATOM-Status für gemeinschaftswichtige nationale Unternehmungen; eigene Forschungsvorhaben zunächst bei 3 nationalen Institutionen (in Italien, Niederlande, BRD/Karlsruhe) sowie Ausbau von Ausbildungsstätten und eines "Gemeinsamen Kernforschungszentrums" (Universitätsrang); Versorgung der Mitglieder und Handel mit Kern- und Spaltmaterial (Pool mit Nutzungs- und Verbrauchsrecht der Mitglieder, Eigentumsrecht der Gemeinschaft); Gemeinsamer Nuklear-Markt; Handels-, Verwendungs- (evtl. Mißbrauch!) und Sicherheitskontrolle; Abkommen mit dritten Ländern (bisher USA, Großbritannien, Kanada) und internationalen Organisationen (u.a. Zusammenarbeit mit OEEC, Europarat, IAEA, WHO, ILO); Gesundheitsschutz (radioaktive Überwachungsvorschriften). An Forschungs- und Versuchs- bzw. Leistungsreaktoren sind in den EURATOM-Ländern rd. 40 in Betrieb oder in Bau (davon 6-8 unter Mitwirkung von EURATOM) gegenüber rd. 50 in den übrigen OEEC-Ländern einschließlich Großbritannien.

IGO: die 6 Regierungen von Belgien, BRD (28% Beteiligung), Frankreich, Italien, Luxemburg, Niederlande. - Beobachter: Großbritannien, Kanada, Schweiz, USA.

Organe: Der Ministerrat (bzw. Ausschuß der Ständigen Stellv.); Die Kommission (Exekutivorgan mit Entscheidungsbefugnissen, größer als bei EWG-Komm., geringer als bei Hohe Behörde EGKS; 5 Mitglieder); Ausschuß für Wissenschaft und Technik (20, nur beratend); Gemeinsame Kernforschungsstelle; Verbindungsausschuß der (privaten) "Atom-Foren" in den Mitgliedländern. - Das Europäische Parlament sowie Der Gerichtshof sind außer für EURATOM auch für EGKS und EWG, der Wirtschafts- und Sozialausschuß für EWG zuständig. - Besonderes selbständiges Organ der Kommission (noch nicht voll in Funktion):

Euratom-Versorgungsagentur / Agence d'Approvisionnement d'Euratom / Supply Agency of Euratom

Mittler und Verwalter für Spalt- und Kernmaterial im Sinne einer marktwirtschaftlichen Tätigkeit zwischen den Produzenten und den Trägern des friedlichen Bedarfs (bisher noch durch bilaterale Abkommen versorgt). - Gen.Dir.; Beirat.

BRD: ist bei EURATOM wie bei OEEC/ENEA Mitglied; materiell zuständig ist BMAt mit "Deutsche Atomkommission", außenpolitisch AA, wirtschaftlich BMWi; die gegebenenfalls bei der zwischenstaatlichen Zusammenarbeit zu beteiligenden Ministerien sind Mitglied des "Inter-ministeriellen Ausschusses für Atomfragen". - "Deutsches Atomforum", Düsseldorf, Friedrichstr. 2, verkörpert die private Initiative.

Es gibt einige weitere zwischenstaatliche wie nichtstaatliche internationale Organisationen, deren Bestrebungen auf die Einheit des westlichen Europas gerichtet sind und die sich mit den auftretenden Problemen einer europäischen Zusammenarbeit auf dem Gebiet der Kernenergie befassen, insbesondere Europarat, Comité Monnet, Comité Européen des Assurances mit der Commission permanente du Risque Atomique, Ligue européenne de Coopération economique. Sie gehen von politischen, wirtschaftlichen oder weltanschaulichen Ideen und Bestrebungen aus; mitunter vermögen sie nebenbei wohl auch Forschung und Technik zu fördern, doch ist dies weder ihre unmittelbare Aufgabe noch sind sie fachkundig.

F. Radiologie, Strahlenschutz und nukleare Grenzgebiete

Die vorgenannten internationalen Institutionen für Kernforschung und Kerntechnik befassen sich mehr oder weniger auch mit den in ihrem Bereich auftretenden Isotopen und mit Strahlenschutz. Jedoch bestehen und entwickeln sich auf dem Gebiet der medizinischen, biologischen und sonstigen Erforschung und Anwendung der Kernenergie, der radioaktiven Spaltprodukte und Rückstände sowie des Strahlenschutzes eigene wissenschaftliche und praktische internationale Institutionen. Als neues und Grenzgebiet wurden zudem die nuklearen Probleme und Erkenntnisse für bisher nicht unmittelbar damit befaßte Zweige der Forschung und wissenschaftlichen Praxis interessant. Auch hier war es die Generalversammlung der Vereinten Nationen (UN), die auf Regierungs- und Weltebene die ersten Untersuchungen veranlasste. Sie bildete 1955

UN/GA Scientific Committee on the Effects of Atomic Radiation
       Comité scientifique pour l'Etude des Effects des Radiations ionisantes
       Wissenschaftlicher Ausschuß zur Untersuchung der Atomstrahlenwirkung

Ein praktisches Strahlenschutzprogramm mit Ausbildung von Spezialpersonal, Koordinierung der medizinischen Forschung, Studien über Erbschäden, Dokumentation und Information führt durch die Fachorganisation der UN

WHO   World Health Organization
OMS   Organisation mondiale de la Santé
           Weltgesundheitsorganisation

           Genf; Palais des Nations. T.331000.

Speziell mit Arbeiterschutz befaßt sich die Fachorganisation der UN

ILO   International Labour Organisation
OIT   Organisation internationale du Travail
IAO   Internationale Arbeitsorganisation

           Genf; 154, Route de Lausanne. T.326200. -"The Protection of Workers against Ionising Radiations", Genf 1955 ff, vermittelt eine umfassende Übersicht.

WMO   World Meteorological Organization
OMM   Organisation météorologique mondiale
WOM   Weltorganisation für Meteorologie

           Genf; 1, Av. de la Paix. T.335140.
           Aufbau eines Warn- und Beobachtungsnetzes gegen radioaktive Verseuchung der Atmosphäre zusammen mit IAEA.

An wichtigen rein wissenschaftlichen nichtstaatlichen internationalen Fach-Institutionen sind zu nennen:

ISR   International Society of Radiology
         Société integrationale de Radiologie
         Internationale Gesellschaft für Radiologie

           Kopenhagen; Kommunehospitalet, Röntgenkliniken. T.BYen 3866. Gegr. 1953 ("Internationale Kongresse für Radiologie" bereits seit 1925, etwa alle 3 Jahre). - NGO (Gründermitgl. von CIOMS, s. Teil I): nat. Gesellschaften, Institute, Radiologen in der Welt.

           BRD: "Deutsche Röntgen-Gesellschaft", Frankfurt/M., Forsthausstr. 70.

Fédération latine des Sociétés d'Electroradiologie médicale
Latin Federation of Medical Electro-Radiological Societies
Lateinische Vereinigung der Elektro radiologischen Medizinischen Gesellschaften

Paris 8; 9, Rue Daru. T.CARnot 5214.

Gegr. 1949 (Nachfolgerin von "Congrès des Médicins électroradiologistes de Langue francaise", 1933). - NGO: nat. Gesellschaften in Belgien, Brasilien, Frankreich, Italien, Portugal, Spanien.

ICRP International Commission on Radiological Protection
Commission internationale de Protection contre les Radiations
Internationale Kommission für Strahlenschutz

Stockholm 60; Karolinska Sjukhuset, Radiofysiska Institutionen. T.340650.

Gegr. 1928 (anlässl. "Int.Kongr. für Radiologie"; bis 1950 "Int. X-ray and Radium Protection Cms."). U.a. "Empfehlungen", detaillierte Berichte mit Tabellenmaterial über Dosierung und Wirkung der radioaktiven Isotope, über Erbwirkung, Abfallbeseitigung usw. - NGO (WHO): Einzelmitglieder in Dänemark, BRD, Frankreich, Großbritannien, Schweden, Kanada, USA, u.a.

ICRU Zugehörig: International Commission on Radiological Units / Internationale Kommission für Strahlen-Meßeinheiten. - Vereinheitlichung und Definition der Meßmethoden und Einheiten für ionisierende Strahlungen und Zerfallsprodukte.

BRD: Einzelmitglieder und -persönlichkeiten (u.a. "Physikalisch-Technische Bundesanstalt", Braunschweig; "Radiologisches Institut der Universität Freiburg").

Völlig auf die Praxis, insbesondere auch Kriegsereignisse und Nachkriegsfolgen, zugeschnitten sind die Vorbeugungs-, Ausbildungs-, Atombomben- und Strahlenschutzmaßnahmen der (nichtstaatlichen) Dachorganisationen des "Internationalen Roten Kreuzes" (IRK; Atomwaffen fallen bisher nicht unter die Genfer Rotkreuzkonventionen):

CICR Comité International de la Croix Rouge / International Committee
ICRC of the Red Cross; Genf, 7, Av. de la Paix. T.333060;

sowie

LSCR   <u>Ligue des Sociétés de la Croix Rouge</u> / <u>League of Red Cross</u>
LORCS <u>Societies</u>; Genf, 40, Rue du 31 Décembre. T.364450.
DRK   BRD: "Deutsches Rotes Kreuz", Bonn, Friedrich-Ebert-Allee 71.

II. SONSTIGE FACHGEBIETE UND -ORGANISATIONEN

Nur wenige naturwissenschaftliche, wesentlich mehr ingenieurwissenschaftliche und technische internationale Organisationen von Bedeutung gehören nicht den beiden großen Welt-Fachgremien der UNESCO (ICSU/CIUS und UIEO/UATI, s. Teil I) an oder rechnen zum Energiesektor (s. vorstehend A bis F). Es sind fachlich parallele oder ergänzende Organisationen, darunter einige betonte Außenseiter, ferner Organisationen aus sonstigen Spezial-Fachgebieten wie Landwirtschaft, Verkehr. Soweit sie als international wichtig nachstehend erwähnt werden, differieren sie untereinander durch ihre globale oder kontinentale bzw. regionale Ausdehnung, sowie durch ihre universelle fachgebietliche oder durch ihre spezialfachliche Bedeutung. Organisatorisch und nach Art der Mitglieder unterscheiden sie sich kaum von den internationalen Fach-Mitgliedervereinigungen der großen Welt-Fachgremien der UNESCO, denen sie nicht angehören.

Zum Teil pflegen diese unabhängig selbständigen internationalen Fachvereinigungen unmittelbare Beziehungen mit UNESCO oder anderen Fachorganisationen der UN. Sie besitzen meist nichtstaatlichen Charakter (NGO's), einige mit Konsultativ-Status bei UN/ECOSOC, bei einer oder mehreren UN-Fachorganisationen, bei OEEC, IAEA oder den europäischen Gemeinschaften. Nur wenige haben regierungsamtlichen Charakter (IGO's), d.h. sie sind auf Grund von zwischenstaatlichen Verträgen oder Verwaltungsabkommen entstanden, ihre Mitglieder bestehen ganz oder zur Mehrheit aus Regierungsorganen der beteiligten Länder.

Über die bereits vorstehend und im Teil I erwähnten hinaus bestehen fast 150 weitere entsprechende, anerkannt-internationale Organisationen und Institutionen der naturwissenschaftlichen Forschung und Technik einschließlich des Agrar- und Ernährungswesens. Es ist im Rahmen dieser Studie unmöglich, sie alle, und noch dazu mit näheren Daten aufzuführen. Dies ist nur bei den regional verbreitetsten, den fachlich bedeutendsten oder den derzeit aktuellsten der Fall; die übrigen, soweit sie nicht reine Spezialgebiete vertreten, werden in der Mehrzahl zum mindesten mit Namen und Anschrift erwähnt. Sie alle sind aufgegliedert nach Naturwissenschaften, Technologie und Technik sowie Agrar-, Forst- und Ernährungswesen. Innerhalb dieser Gebiete sind die einzelnen Organisationen alphabetisch nach ihren international gebräuchlichsten Abkürzungen (bzw. soweit solche in seltenen Fällen nicht bestehen, nach den Namen) angeordnet.

G. Naturwissenschaften

AIC   Association internationale de Cybernétique
      International Association for Cybernetics
      Internationale Vereinigung für Regelungstechnik

   Namur (Belgien); 13, Rue Basse-Marcelle. T.27981
   Gegr. 1957. Verbindungs-, Erfahrungsaustausch-, Förderungsorgan auf dem Gebiet der elektronischen Steuerung und verwandter Techniken. - NGO: rd. 1000 Mitglieder (davon rd. 300 Industriefirmen) aus 32 Ländern (meist Europa, sowie u.a. USA, Tunesien).

   BRD: Einzelmitglieder. - "DDR": Einzelmitglieder.

   Association internationale de Sédimentologie
   International Association of Sedimentology
   Internationale Vereinigung für Sedimentenkunde

   Rueil-Malmaison, Seine-et-Oise (Frankreich), c/o Institut de Pétrole; 4 Place Bir Hacheim. T.MALmaison 3112. - Gegr. 1952. - NGO. - BRD.

CAARC Commonwealth Advisory Aeronautical Research Council
      Commonwealth-Luftfahrtforschungsbeirat

   Teddington, Middlesex (GB); Nat.Physical Laboratory. - Gegr.1946. - IGO.

CIC   Centre international provisoire de Calcul
      Provisional International Computation Centre
      Provisorisches internationales Rechenzentrum

   Rom; c/o Instituto Nazionale Italiano di Alta Matematica, Piazzale delle Scienze 7.

Konvention von 1951 noch nicht voll ratifiziert, Funktion 1956 provisorisch übertragen von UNESCO an obiges italienisches Institut. Information, Austausch, Ausbildung, "Service de Calcul" auf dem Gebiet der angewandten Mathematik mittels elektronischer und automatischer Rechenanlagen. Wissenschaftl. Untersuchungen für UN, SA's der UN, int. Organisationen und Privatwirtschaft.

IGO (UNESCO, FAO): (bisher) Belgien, BRD, Ceylon, Ecuador, Frankreich, Italien, Japan, Mexiko.

BRD: AA.

Selbständige nichtstaatliche verwandte Fachorganisation:

ASICA   Association internationale pour le Calcul analogique
        International Association for Analogue Computation
        Internationale Vereinigung für Analog-Rechnen

Brüssel; 50, Av. Franklin D. Roosevelt. T.486510.
Gegr. 1955. Methodik, Austausch, Ausbildung, Kontakt. - NGO: Institute, Unternehmen, Einzelpersönlichkeiten in 17 europäischen Ländern (auch UdSSR); ferner Australien, Japan, Kanada, USA.

DMV   Dtschld.: "Deutsche Mathematiker-Vereinigung e.V.", Tübingen,
GAMM   Wilhelmstr. 7 - "Gesellschaft für Angewandte Mathematik und Mechanik", München 2, Arcisstr. 21.

CIP   Comité international de Photobiologie
        International Committee of Photobiology
        Internationales Komitee für Photobiologie

Zürich 4; c/o Dr. W. Burckardt. - Gegr. 1928 (bis 1954 "Cmt. int. de la Lumière / Int. Cmt. on Light"). - NGO. - Dtschld.

Congrès internationale ornithologique
International Ornithological Congress
Internationaler Ornithologenkongress

Fernow Hall (USA, ITHACA); c/o C.G. Sibley, Cornell University. - Gegr. 1884. - NGO. - Dtschld.

EAEG European Association of Exploration Geophysicists
Association européenne de Prospection géophysique
Europäische Vereinigung für Geophysikalische Forschung

Den Haag; Carel van Bylandtlaan. T.190080. - Gegr. 1951. -
NGO. - BRD. - "DDR" (Einzelexperten).

IAF International Astronautical Federation
FAI Fédération astronautique internationale
Internationale Astronautische Vereinigung

Baden (Schweiz); Postfach 37.
Gegr. 1950 Paris. - NGO (ECOSOC/Reg., ICAO/ITU/UNESCO/C; ISCU):
nat. Gesellschaften in 28 Ländern (Argentinien, Brasilien, BRD,
Chile, Dänemark, Frankreich, Großbritannien, Italien, Jugoslawien,
Niederlande, Norwegen, Österreich, Polen, Schweiz, Spanien, Südafrikanische Union, USA, UdSSR, Ver.Arab.Rep., u.a.)

DGRR BRD: "Deutsche Gesellschaft für Raketentechnik und Raumfahrt e.V."
(vorm. "Ges. f. Weltraumforschung e.V."), Stuttgart-Zuffenhausen,
Neuensteiner Str. 19.

ICES International Council for the Exploration of the Sea
CIEM Conseil international pour l'Exploration de la Mer
Internationaler Rat für Meeresforschung

Charlottenlund (Dänm.); Slot. T.Helrup 1865.
Gegr. 1902. Praktische Förderung der Meeresforschung ("Oceanographic Research Programmes" Stockholm 1899, Christiania 1901)
für Zwecke der int. Fischerei und biologischen Nutzung der Meere.

IGO (FAO): die Regierungen von 16 eur. Staaten (Belgien, BRD,
Dänemark, Finnland, Frankreich, Großbritannien, Irland, Island,
Italien, Niederlande, Norwegen, Portugal, Polen, Spanien, Schweden, UdSSR). - Jährl. wiss. Konferenzen.

BRD: BML, "Deutsche Wissenschaftliche Kommission für Meeresforschung", Bonn-Duisdorf, Bonner Str. 85.

Selbständige, von ICES unabhängige Mittelmeerforschung:

Commission internationale pour l'Exploration scientifique de la mer Méditerranée

International Commission for the Scientific Exploration of the Mediterranian Sea

Internationale Kommission für Mittelmeerforschung

Banyuls-sur-Mer (Frankreich); Laboratoire Arago. T.9. - Gegr.1914 Rom. - IGO: die Regierungen von Algerien, Frankreich, Griechenland, Italien, Jugoslawien, Marokko, Monaco, Rumänien, Spanien, Türkei, Tunesien.

IHB   International Hydrographic Bureau

BHI   *Bureau hydrographique international*

        Internationales Hydrographisches Büro

Monte Carlo; Quai des Etats-Unis. T.02587.

Gegr. 1921. Zusammenarbeit der hydrographischen Dienste der einzelnen Seefahrtsländer zur Erleichterung und Sicherung der Schiffahrt auf allen Meeren, Förderung der hydrographischen Wissenschaft und Vereinheitlichung der Dokumentation.

IGO (IUGG): die 39 Regierungen von Argentinien, Australien, Belgien, BRD, Brasilien, Burma, Dänemark, Dominik.Rep., Finnland, Frankreich, Griechenland, Großbritannien, Guatemala, Indien, Indonesien, Island, Italien, Japan, Jugoslawien, Kanada, Korea (Süd), Kuba, Monaco, Neuseeland, Niederlande, Norwegen, Pakistan, Philippinen, Polen, Portugal, Spanien, Südafrik. Union, Schweden, Taiwan, Thailand, Türkei, Uruguay, USA, Ver.Arab.Rep. u.a. - Int. Cmt. on Nomenclature of Ocean Bottom Fetures.

BRD: BMV, "Deutsches Hydrographisches Institut", Hamburg 4, Bernhard-Nocht-Str. 78.

IFEMS   International Federation of Electron Microscope Societies

        Fédération internationale des Sociétés de Microscopie électronique

        Internationaler Verband der Gesellschaften für Elektronenmikroskopie

Cambridge (GB); c/o Dr.Cosslett, Free School Lane, Cavendish Laboratory. T.54481.

Gegr. 1951 (bis 1955 "Joint Cms. for Electron Microscopy of ICSU").
– NGO: nat. Gesellschaften in über 15 Ländern (Belgien, BRD, CSR, Frankreich, GB, Italien, Japan, Niederlande, Skandinavien, Spanien, Schweiz, Ungarn, USA u.a.).

BRD: "Deutsche Gesellschaft für Elektronenmikroskopie e.V.", Frankfurt/M.-Höchst, Farbwerke Höchst A.G.

ILS International Lunar Society
Société lunaire internationale
Sociedad Lunar Internacional
Internationale Gesellschaft für Mondforschung

Barcelona; c/o Sekr. Antonio Paluzié-Borell, Diputación 337.
Gegr. 1956. – NGO. – BRD: Einzelmitglieder.

IMA International Mineralogical Association
Association internationale de Minéralogie
Asociación Internacional de Mineralogía
Internationale Mineralogische Vereinigung

Madrid; c/o Sekr. J.L. Amorós, Castellana 84.
Gegr. 1958. – NGO: nat. Gesellschaften in über 15 Ländern (Europa mit UdSSR, Japan, Kanada, USA).

Dtschld: "Deutsche Mineralogische Gesellschaft e.V." Saarbrücken, Universität.

International Committee on Rheology
Comité international de Rhéologie
Internationaler Ausschuß für Rheologie

Dormagen (BRD); c/o Dr.W.Meskat, Bahnhofstr. 9. – Gegr. 1953. – NGO. – BRD.

International Geological Congress
Congrès géologique international
Internationaler Geologen-Kongress

Paris 15; c/o Dr. Jean Roger (Sekretär für Kongress 1960), 74, Rue de la Fédération.

Gegr. 1875 Buffalo (USA). - NGO (formlos): Teilnehmer-Delegationen am Kongress (alle 4 Jahre) aus rd. 85 Ländern der Welt (auch Ostblock). (s.Tabelle).

BRD: "Nationales Kontaktkomitee" (federführend "Geologische Bundesanstalt"), Hannover, Wiesenstr. 1.
"DDR": Einzelteilnehmer.

ISSS International Society of Soil Science

SISS Société internationale de la Science du Sol
Internationale Bodenkundliche Gesellschaft

Amsterdam; 63 Mauritskade. T.52601 Ext. 59.
Gegr. 1929 Rom. Förderung sämtlicher Zweige der wiss. Bodenkunde. - NGO (ECOSOC/Reg., WMO/C): nat. Körperschaften, Gesellschaften, Institute, Einzelmitglieder (rd. 2300) in rd. 70 Staaten (fast alle UN-Mitglieder einschl. Ostblock, sowie Schweiz). (s.Tabelle).
Dtschld: "Deutsche Bodenkundliche Gesellschaft e.V.", Göttingen, Nikolausburgerweg 7.

IUCN International Union for Conservation of Nature and Natural Resources
Union internationale pour la Conservation de la Nature et de ses Resources
Internationale Union zur Erhaltung der Natur und der natürlichen Hilfsquellen

Brüssel; 31,Rue Vautier. T.483746.

IUPN Gegr. 1948 unter Mitwirkung UNESCO (bis 1957 "Int.Union for the Protection of Nature"). - NGO (ECOSOC/B, FAO/UNESCO/C, CIIA/C: 4 int. Naturschutz-interessierte NGO's, sowie über 200 nat. Regierungen, staatliche und nichtstaatliche Naturschutzinstitutionen in rd. 50 Ländern und Entwicklungsgebieten der Welt.

Dtschld: Einzelmitglieder (auch BML; bilden intern "Kommission zur Koordinierung der Mitarbeit der deutschen Mitgliederverbände zu IUCN", federführend "Bundesanstalt für Naturschutz und Landschaftspflege", Bad Godesberg, Heerstr. 110.

OEEPE Organisation Européenne d'Etudes photogrammétriques expérimentales
European Organization for Experimental Photogrammetric Research
Europäische Organisation für experimentelle Photogrammetrische Forschung

Delft (Holl.); Kanaalweg 3. - Gegr. 1953. - IGO. - BRD: BMI.

Selbständige, von OEEPE unabhängige, nichtstaatliche Gesellschaft für das gesamte Gebiet der Photogrammetrie:

International Society for Photogrammetry
Société internationale de Photogrammetrie
Internationale Gesellschaft für Photogrammetrie

London W 1; c/o Gen.Sekr. R.T.L. Rogers, 24 Bruton Street. - Gegr. 1910. - NGO. - BRD: "Deutsche Gesellschaft für Photogrammetrie e.V.", München, Arcisstr. 21.

SBR Society for Biological Rhythme
Société pour l'Etude des Rhythmes biologiques
Gesellschaft für biologische Rhythmusforschung

Stockholm; c/o Sekr. Dr.A.Sollberger, Caroline Institute, Solnavägen 1. - Gegr. 1937. - NGO. - Dtschld: Einzelmitglieder.

H. Technologie und Technik

BIPM Bureau international des Poids et Mesures
International Bureau of Weights and Measures
Internationales Büro für Maß und Gewicht

Sèvres, Seine-et-Oise (Frankreich); Pavillon de Breteuil.
T.Paris OBServatoire 0051.
Gegr. 1875 (anläßlich "Meter-Konvention"). Kontrolle und Vergleich der Maß-Einheiten des metrischen Systems und anderer international vereinheitlichter Meßgeräte.

IGO (UNESCO; ISO, IEC, IUPAC, IUPAP, IUGG, u.a.): die Regierungen von 36 Staaten (s.Tabelle).

Dtschld. (gesamtdeutsches Gremium): BRD/BMWi, "Physikalisch-Technische Bundesanstalt", Braunschweig, Bundesallee 100 (federführend). - "DDR"/"Deutsches Amt für Maß und Gewicht", Berlin C2, Niederwallstr. 18-20.

Selbständiges, von BIPM unabhängiges, zwischenstaatliches Dokumentations- und Informationszentrum für das gesamte Gebiet des gesetzlichen Meßwesens:

OIML Organisation internationale de Métrologie légale
International Organization of Legal Metrology
Internationale Organisation für das gesetzliche Meßwesen

Paris 7; 9, Av. Franco-Russe.
Gegr. 1955 (Cmt.prov. 1937). - IGO: die Regierungen von 30 Staaten (fast alle europäischen, auch Ostblock" ferner Dominik.Rep., Indien, Iran, Kuba, Marokko, Tunesien).

Dtschld: wie BIPM.

CIB International Council for Building Research, Studies and Documentation
Conseil international du Bâtiment pour la Recherche, l'Etude et la Documentation
Internationaler Rat für Bauforschung, -studien und Dokumentation im Bauwesen

Rotterdam; Weena 700 (Bouwcentrum). T.116181. Techn.Sekretariate in Watford (Herts., GB) und Paris.

CIDB Gegr. 1953 Genf (1950 mit Unterstützung UN/ECE "Int. l. for Building Documentation"). Förderung und Entwicklung der Bauforschung und -technik; auch wirtschaftliche und soziale Fragen.

NGO (ECOSOC/B): nat. Verbände und Institutionen in über 25 Ländern (meist Europa mit UdSSR, sowie Ghana, Indien, Indonesien, Israel, Kanada); ferner Einzelmitglieder.

BRD: "Deutscher Verband für Wohnungswesen, Städtebau und Raumplanung", Köln, Hohenzollernring 79-81. - "Institut für Bauforschung e.V.", Hannover, Wilhelmstr. 8. -"Dokumentationsstelle für Bautechnik", Stuttgart, Silberburgstr. 119a.

Wiss.-techn. interessierte Unternehmervereinigung im Bauwesen:

FIBTP Fédération internationale du Bâtiment et des Travaux publics
International Federation of Building and Public Works
Internationaler Verband für Hoch- und Tiefbau
Paris 16; 33, Av. Kléber, T.KLEber 5530.
Gegr. 1905 Lüttich. Vorwiegend wirtschaftliche Dachorganisation, jedoch auch wissenschaftlicher und technischer Austausch.

NGO (ECOSOC/Reg.): über 50 nat. Unternehmerverbände in mehr als 40 Ländern (nichtöstliches Europa, Argentinien, Australien, Bolivien, Chile, Französ. Äquatorialafrika, Französ. Westafrika, Kanada, Kolumbien, Mexiko, Marokko, Peru, Tunesien, USA, Venezuela.
BRD:"Hauptverband der Deutschen Bauindustrie e.V.", Frankfurt/M., Friedrich-Ebert-Anlage 38. - "Zentralverband des Deutschen Baugewerbes e.V., Bonn, Koblenzer Str. 93.

CIE Commission internationale de l'Eclairage
International Commission on Illumination
Internationale Beleuchtungskommission
Paris 7; 57, Rue Cuvier. T.GOBelins 4330.
Gegr. 1900 (bis 1913 "Int. Photometric Cms."). Förderung der techn. Forschung, Erfahrungsaustausch, Information auf dem Gebiet der Lichttechnik und Beleuchtung.

NGO (ECOSOC/ICAO/ILO/C; ICO, ISO): nat. Komitees und Repräsentanten in über 40 Ländern (Europa ohne Albanien, Bulgarien, Griechenland, Luxemburg, Portugal, Vatikanstadt; ferner Argentinien, Brasilien, Indien, Indonesien, Israel, Japan, Kanada, Mexiko, Philippinen, Uruguay, USA, Venezuela, u.a.).

BRD: "Deutsches Nationales Komitee CIE", München 2, Windenmacherstr. 6. - "DDR": Einzelmitglieder.

CIM Congrès international des Fabrications mécaniques
International Mechanical Engineering Congress
Internationaler Maschinenbau-Kongress

Paris 8; 11, Av. Hoche. T.CARnot 3227.
Gegr. 1947. Vorwiegend wirtschaftliche Interessenvertretung, jedoch auch technischer Erfahrungsaustausch. - NGO: nat. Industrieverbände in 14 europäischen (OEEC-) Ländern.

VDMA BRD: "Verband Deutscher Maschinenbau-Anstalten e.V.", Frankfurt/M., Barckhausstr. 16.

CIMAG International Congress on Combustion Engines
Congrès international des Machines à Combustion
Internationaler Kongress für Verbrennungskraftmaschinen

Paris 8; 10, Av. Hoche. T.MACmahon 3800.
Gegr. 1951. Förderung des technischen und wissenschaftlichen Fortschritts auf dem Gebiet der Verbrennungsmotoren und -turbinen (keine kommerziellen Probleme). - NGO: nat. Komitees in rd. 15 Ländern (der OEEC, sowie USA, Japan).

VDMA BRD: "Verein Deutscher Maschinenbau-Anstalten e.V." Frankfurt/M., Barckhausstr. 16.

CIRM International Radio-Maritime Committee
Comité international radio-maritime
Internationaler Seefunk-Ausschuß

London EC 3; 146-150, The Minories. T.ROYal 1419.
Gegr. 1928 San Sebastian. - NGO (ECOSOC/Reg., ICAO/ITU/WMO/C; u.a.): rd. 45 Seefunkgesellschaften in rd. 20 Ländern der Welt (nicht Ostblock).

BRD: "Deutsche Betriebsgesellschaft für drahtlose Telegraphie m.b.H.", Berlin-Charlottenburg, Rognitzstr. 8; u.a.

Convention européenne des Associations de la Construction métallique
European Convention of Associations for Metal Constructions
Europäische Konvention der Stahlbau-Verbände

Zürich; Schanzengraben 25. T.(051)253540.

Gegr. 1955. Erörterung technischer Probleme des Stahlbaus. - NGO: nat. Verbände in westlichen europäischen Ländern.

DStV   BRD: "Deutscher Stahlbauverband", Köln, Ebertplatz 1.

EUSEC   *Conference of Engineering Societies of Western Europe and the USA*
Conférence des Sociétés d'Ingénieurs de l'Europe Occidentale et des Etats-Unis d'Amérique
Konferenz der Ingenieurvereinigungen von Westeuropa und den USA

New York 18; 29, West 39th Street (bis 1960).

Gegr. 1948 London. Förderung von Ingenieurwissenschaft, -ausbildung und -praxis durch Standeszusammenarbeit. - NGO (FECANI): überfachliche Ingenieur-Spitzenverbände in 14 westlichen europäischen Ländern und USA.

VDI   BRD: "Verein Deutscher Ingenieure", Düsseldorf, Prinz-Georg-Str. 77-79.

Selbständiger europäischer Partner von EUSEC:

FEANI   *Fédération européenne d'Associations Nationales d'Ingénieurs*
European Federation of National Associations of Engineers
Europäische Vereinigung nationaler Ingenieurverbände

Paris 9; 19, Rue Blanche. T.TRInité 6636.

FIANI   Gegr. 1951 (bis 1956 "Féd. int. d'Associations nat. d'Ingénieurs"). - NGO (CE/A; UPADI, CITI): überfachliche Ingenieur-Spitzenverbände bzw. Komitees in 11 europäischen Ländern (nicht GB, Ostblock).

       BRD: "Deutsches Nationales Komitee FEANI" (wahrgenommen von
DVTWV   "Deutscher Verband technisch-wissenschaftlicher Vereine"), Düsseldorf, Prinz-Georg-Str. 77-79.

Selbständige sonstige internationale bzw. regionale überfachliche Ingenieurvereinigungen:

EJC **Engineers Joint Council**
Conseil mixte d'Ingénieurs
Vereinigter Ingenieur-Rat

New York 18; 29, West 39th Street. T.OEnnsylvania 69220.
Gegr. 1941 (bis 1945 "Engineers Joint Conf." von anfangs 5 US-Ingenieurgesellschaften). Seit 1953 Standes- und Berufsvereinigung für weltweite Ingenieurzusammenarbeit und int. Förderung der Ingenieurwissenschaften. - NGO (ECOSOC/Reg., UNESCO; WPC, UPADI): 15 US-Ingenieurgesellschaften mit Mitgliedern in und aus über 65 Ländern der Welt (auch UdSSR).

BRD: Einzelmitglieder.

Conference of Engineering Institutions of the British Commonwealth
Conférence des Associations d'Ingénieurs du Commonwealth britannique
Konferenz der Ingenieurverbände des British Commonwealth

London WC 2; c/o Institution of Electrical Engineers, Savoy Place. T. TEMple Bar 7676. - Gegr. 1946. - NGO (EUSEC, UPADI): Präsidenten und Sekretäre von Ingenieurvereinigungen in den angelsächsischen Commonwealthländern und Indien.

Pan-American Federation of Engineering Societies
Unión Panamericana de Asociaciones de Ingenieros
Fédération panaméricaine des Sociétés d'Ingénieurs

Sekretariat wechselt gem. jährl. Tagungsort. - Gegr. 1951. - NGO: Ingenieurverbände in 21 amerikanischen Staaten (nicht Haiti); EJC.

FEGCh **Fédération Européenne du Génie Chimique**
European Federation of Chemical Engineering
Europäische Föderation für Chemie-Ingenieur-Wesen

Frankfurt/M.; Rheingau-Allee 25. T.770481. / Paris 7; 28, Rue Saint-Dominique. T.INValides 1073. / London SW 1; 16, Belgrave Square. T.BELgrave 3647.
Gegr. 1953. Förderung von Chemie-Technik, -Apparatewesen und -Ingenieurwesen durch europäische und int. Zusammenarbeit, der entsprechenden technisch-wissenschaftlichen Vereine. Ausstellungen (ACHEMA).

SCI
NGO: 30 nat. technische und wissenschaftliche Vereine in 16 westlichen europäischen Ländern; 5 korresp. Ländervereine. - Fachsekretariate für bestimmte Arbeitsgruppen bei einzelnen Ländervereinen. - Generalsekretariat ehrenamtlich nach regionalen Wirkungsbereichen aufgeteilt auf "ACHEMA" Frankfurt/M., "Société de Chimie Industrielle" Paris, "Institution of Chemical Engineers" London.

DECHEMA BRD: "DECHEMA-Deutsche Gesellschaft für chemisches Apparatewesen e.V.", Frankfurt/M., Rheingau-Allee 25. - "Gesellschaft Deutscher Chemiker", Frankfurt/M., Karlstr. 21. - u.a.

Schwesterorganisation von FEGCh (gleiche Gründer, Struktur, Sekretariate):

EFC Fédération européenne de la Corrosion
European Federation of Corrosion
Europäische Föderation für Korrosion

Gegr. 1955. Korrosionsforschung, -bekämpfung, -schutz. - NGO: 45 nat. technische und wissenschaftliche Gesellschaften aus 15 europäischen Ländern (nicht GB).

BRD: wie FEGCh; ferner "Deutsche Gesellschaft für Metallkunde", Köln-Marienburg, Alteburger Str. 402, u.a.

IAESTE International Association for the Exchange of Students for Technical Experience
Association internationale pour l'Echange d'Etudiants en und de l'Acquisition d'une Expérience technique
Internationaler Hochschul-Praktikantenaustausch

Stockholm 5, Linnégatan 18. T.604032.
Gegr. 1948 London. - NGO(UNESCO): akademisch-studentisch- industrielle Spitzengremien in über 25 Ländern (Europa ohne Albanien, "DDR", CSR, Frankreich, Polen, Rumänien, Ungarn, UdSSR; ferner Ceylon, Indien, Israel, Kanada, Südafrik. Union, Tunesien, USA, u.a.)

DAAD BRD: "Deutscher Akademischer Austauschdienst e.V.", Bonn, Nassestr. 11.

ICAITI   Instituto Centroamericano de Investigación y Tecnología Industrial
Central American Research Institute for Industry
Zentralamerikanisches Industrieforschungs-Institut

Guatemala, Zona 10, 4a Calle y Avenida la Reforma. T.9353. - Gegr. 1956. - IGO (UN/TAA, ILO, UNESCO).

IFAC   International Federation of Automatic Control
Fédération internationale d'Automatique
Internationaler Verband für Automatische Regelung

Düsseldorf; Prinz-Georg-Str. 79. T.443351.
Gegr. 1957. Wissenschaftliche und praktische Förderung der Automation; Erfahrungsaustausch. - NGO: je 1 wissenschaftlich oder technischer Verband bzw. Rat in rd. 25 meist europäischen Ländern (auch UdSSR, USA).

IFHP   International Federation for Housing and Planning
Fédération internationale de l'Habitation de l'Urbanisme et de l'Aménagement du Territoire
Internationaler Verband für Wohnungswesen, Städtebau und Raumordnung

Den Haag; Alexanderstraat 2. T.113847.

IFHTP   Gegr. 1913 Brüssel (bis 1926 "Int. Garden Cities and Town Planning Ass.", bis 1958 "Int. Fed. for Housing and Town Planning /
FIHU   Féd. int. de l'Habitation et de l'Urbanisme /Int. Verb. für Wohnungswesen und Städtebau").

NGO (ECOSOC/B, WHO/C, ILO, UNESCO; u.a.): nat. technische, wissenschaftliche und pädagogische, öffentliche und private Verbände und Institutionen sowie Einzelmitglieder in rd. 45 Ländern der Welt (s.Tabelle). - Int. Kongress (alle 2 Jahre).

BRD: BMWo. - "Deutscher Arbeitskreis des IFHP" (federführend "Deutscher Verband für Wohnungswesen, Städtebau und Raumplanung"), Köln, Hohenzollernring 79-81.

Angeschlossen als unabhängige Gesellschaft:

SIAP   Inter-american Planning Society
Sociedad Interamericana de Planificación
Société interaméricaine d'Urbanisme
Interamerikanische Planungsgesellschaft

Puerto Rico; Building of the Puerto Rico Planning Board, Stop 22, Santurce. T.30020. - Gegr. 1956 Bogotá. Förderung der wissenschaftlichen, technischen, sozialen, administrativen Planung. - NGO (OAS).

Selbständige sachverwandte technische Organisationen:
International Centre for Regional Planning and Development
Centre international pour le Planning des Régions en vue de leur Développement
Internationales Zentrum für regionale Planung und Entwicklung

Brüssel; 4, Galerie Ravenstein. T.183190. - Gegr. 1955 London. Förderung und Zusammenarbeit auf wirtschaftlichen, technischen, sozialen, administrativen Gebieten. - NGO: Einzelpersönlichkeiten in über 20 Ländern der Welt (auch USA, GB; nicht Ostblock). - BRD:

PICUTP Permanent and International Committee of Underground Town Planning
CPIUS   Comité permanent international d'Urbanisme souterrain
        Ständiger Internationaler Ausschuß für Städtisches Tiefbauwesen

Paris 9; 94, Rue Saint-Lazare. T.PIGalle 6044. - Gegr. 1937. - NGO. - BRD.

AGHTM   Association générale des Hygiénistes et Techniciens municipaux
        General Association of Municipal Health and Technical Experts
        Generalverband Städtischer Hygieniker und Techniker

Paris 17; 9, Rue de Phalsbourg. T.CARnot 3891. - Gegr. 1905. - NGO. - BRD.

IIR   International Institute of Refrigeration
IIF   Institut international du Froid
        Internationales Kälteinstitut

Paris 17; 177, Bd. Malesherbes. T.CARnot 3235.
Gegr. 1920 (Nachfolger von "Ass. Int. du Froid", 1908). Förderung der Entwicklung und Anwendung der Kältetechnik sowie der Methoden der Aufbewahrung, des Transports und der Verteilung von verderblichen Gütern.

IGO: die Regierungen von 34 Staaten, ao. Mitglieder (s.Tabelle) aus Wissenschaft und Industrie.

BRD: BMWi; "Deutscher Kältetechnischer Verein e.V.", Stuttgart 1, Breitscheidstr. 4; "Kältetechnisches Institut der Technischen Hochschule Karlsruhe".

"DDR": Institut für Kühllagerung der DDR; (nichtstaatliche a.o. Mitgliedschaft).

IRCA International Railway Congress Association

AIC(CF) Association internationale du Congrès des Chemins de Fer

IEKV Internationale Eisenbahn-Kongress-Vereinigung

Brüssel; 19, Rue du Beau Site. T.475335.
Gegr. 1884 (bis 1919 "Coms. Int. du Congrès des Chemins de Fer"). Erforschung, Verbreitung, Einführung von konstruktiven und betrieblichen Verbesserungen im Eisenbahnwesen durch periodische Kongresse und Veröffentlichungen.

NGO: über 105 Eisenbahn-Verwaltungen in 63 Ländern und Gebieten, sowie Regierungen von 33 Staaten (s.Tabelle).

DB BRD: BMV; "Deutsche Bundesbahn", Frankfurt/M., Friedrich-Ebert-Anlage 43.

Selbständige Regionalorganisation:

Pan American Railway Congress Association
Asociación del Congreso Panamericano de Ferrocarriles
Association du Congrès panaméricain des Chemins de Fer
Panamerikanische Eisenbahn-Kongress-Vereinigung

Buenos Aires; 277, Calle Perú. T.344204.
Gegr. 1906 (bis 1941 "Perm. South American Congr. Ass.). -
NGO: 20 amerik., 6 sonstige Länder.

IRF International Road Federation

FRI Fédération routière internationale
Federación Internacional de la Carretera
Internationale Straßenliga

Washington 5; 1023, Washington Building. T.STerling 3-6722. / LondonSW 1, Victoria Street, Abbey House. T.ABBey 6177/8. / Paris 8, 1, Rue d'Astorg. T.ANJou 1590.

Gegr. 1948 Washington und London. Ideelle Förderung, Planung und praktisch-technische Unterstützung einheitlicher zwischenstaatlich-transkontinentaler Fernstraßensysteme (in Europa geplant 24 durchgehende E- und 34 Verbindungsstraßen, in Amerika "Pan-American Highway" von Alaska bis Feuerland); Ausbildung von technischem Personal in USA und Großbritannien; Dokumentation.

NGO (ECOSOC/B, OEEC, OAS; Colomboplan; AIPCR, u.a.): nat. Industrie-, sowie (assoziierte) nat. Straßenverbände in rd. 70 Ländern und Gebieten (s.Tabelle). - Welttreffen (alle 3 Jahre), Regionalkonferenzen; Joint Coordinating Cmt. (der 3 völlig autonomen Regionalbüros).

BRD: "Deutsche Strassenliga e.V.", Bonn, Kaiserplatz 14.

ISO International Organziation for Standardization
Organisation internationale de Normalisation
Organización Internacional de Unificación de Normas
Internationale Organisation für Normung (Normenvereinigung)

Genf; 1, Rue de Varembé. T.341240.
Gegr. 1946 London (Nachfolger von "Int. Fed. of Nat. Standardizing Ass.", 1926, und "UN Standards Coordinating Cmt., 1944). Welt-Spitzenorganisation für Aufstellung und Registrierung int. einheitlicher Normen im Bereich der wissenschaftlichen, technischen, wirtschaftlichen Zusammenarbeit; Koordination der entsprechenden nat. Institutionen; "ISO-Empfehlungen" (Recommendations).

NGO (ECOSOC/B, ICAO/ITU/UNESCO/WMO/C, ILO/Reg.; IAEA/C; einschlägige NGO's): 43 nat. Normen-Spitzenorganisationen (je 1) in 43 Staaten (auch Ostblock), (s.Tabelle). - Gen. Versammlung (alle 3 Jahre); Rat (12); 93 Techn. Komitees.

DNA Deutschld. (gesamtdeutsches Gremium): BRD: "Deutscher Normenausschuß e.V.", Berlin W.15, Uhlandstr. 175; Zweigstelle West: Köln, Friesenplatz 16. - "DDR": "Amt für Standardisierung", Berlin O 17, Köpenicker Str. 80-82 (seine Experten nehmen über
FNA's die "Fachnormenausschüsse" des DNA an der ISO-Arbeit teil).

Selbständige elektrotechnische Abteilung von ISO:

IEC International Electrotechnical Commission, s.Kap.B.

IWSA   International Water Supply Association
AIDE   Association internationale des Distributions d'Eau
       Internationale Wasserversorgungs-Vereinigung

London W 1; 34, Park Street. T.GROsvenor 1092/3.

Gegr. 1949 Amsterdam. Wasserwirtschaftliche,-technische, -rechtliche Fragen. - NGO: nat. Verbände in rd. 30 Staaten (Europa ohne Albanien, Finnland, Island, Irland, Italien, Portugal, Rumänien, Ungarn, UdSSR; ferner Algerien, Japan, Malaya, Neuguinea, Tunesien u.a.); - a.o. Behörden- und Einzelmitglieder.

DVGW   Dtschld: BRD "Deutsche Delegation" (u.a. "Deutscher Verein von
       Gas- und Wasserfachmännern e.V." und "Verband der Deutschen Gas-
DGW   und Wasserwerke e.V.", Frankfurt/M., Beethovenstr. 17).

"DDR": Einzelexperten.

SCAR   Scandinavian Council for Applied Research
       Nordiska teknisk-naturvetenskapliga forskningsdelegationen
       Comité scandinave de la Recherche appliquée
       Skandinavischer Ausschuß für angewandte Forschung

Stockholm 5; Box 5073, - Gegr. 1947. Zusammenarbeit auf naturwissenschaftlichem und technischem Gebiet. - NGO: nat. techn. Akademien und Forschungsräte in den 5 skandinavischen Staaten.

Textil-Institute
Institut du Textile
Textil-Institut

Manchester; 10, Blackfriars Street. T.BLAckfriars 1457. -
Gegr. 1909. - NGO: über 7500 Einzelpersonen in rd. 60 Ländern der Welt (s.Tabelle). - BRD.

UT   Conference internationale pour l'Unité technique des Chemins
       de Fer
       International Conference for Promoting Technical Uniformity on
       Railways
       Internationale Konferenz für Technische Einheit im Eisenbahnwesen

Bern; Eidgenössisches Post- u. Eisenbahn-Department. T.61.
Gegr. 1882 (heutige Fassung der verschiedenen Agreements seit 1938).

IGO: die Regierungen bzw. Staatsbahnen von 20 kontinental-europäischen Ländern (auch Ostblock ohne UdSSR). - Federführend: Eidgenössisches Post- und Eisenbahndepartement.

BRD: BMV; "Deutsche Bundesbahn", Frankfurt/M., Friedrich-Ebert-Anlagen 43.

"DDR": "Deutsche Reichsbahn", Berlin (Ost).

ORE Office de Recherches et d'Essais de l'UIC
     Office for Research and Experiments of the UIC
     Forschungs- und Versuchsamt der UIC

Utrecht (Holl.); Maliebaan 1. T.(030)29894.

UIC Gegr. 1950 durch "Un. int. des Chemins de Fer" Paris. - NGO(UIC): Eisenbahnverwaltungen in 22 meist europäischen Staaten (auch Ostblock ohne UdSSR, ohne Amerika); int. Schlafwagen- und Transportgesellschaften. - BRD, "DDR", wie UT.

Besondere Organsation des Ostblocks:

OSShD Organisation für die Zusammenarbeit im Eisenbahnwesen
       Organization for the Collaboration of Railways
       Organisation pour la Collaboration des Chemins de Fer

Warschau; Hoźa 63-67. T.216416. - Gegr. 1956 Sofia. Int. Eisenbahnverkehrs-, auch technisch-wissenschaftliche Zusammenarbeit. - IGO (COMECON): die Eisenbahnverwaltungen in den 12 Ostblockstaaten.

"DDR": "Deutsche Reichsbahn", Berlin W 8, Vosstr. 33.

I. Agrar-, Forst- und Ernährungswesen

Auf dem Gebiet des Agrar-, Forst- und Ernährungswesens bestehen eine Anzahl von kleineren und kleinsten, mehr oder weniger wissenschaftlichen/technischen, speziellen Fach- und Regionalorganisationen bzw. Unterorganen, IGO's wie NGO's, die alle im Rahmen dieser Studie zu berücksichtigen nicht möglich ist (einige werden bei UIEO/UATI, Teil I, erwähnt). Sie alle stehen weitaus umfassender als dies auf anderen Gebieten bei den entsprechenden UN-Fachorganisationen der Fall ist, in Zusammenarbeit mit der zuständigen zwischenstaatlichen Welt-Fachorganisation, der

FAO	_Food and Agriculture Organization of the UN_
OAA	_Organisation des Nations-Unies pour l'Alimentation et l'Agriculture_
	Ernährungs- und Landwirtschaftsorganisation der Vereinten Nationen

Rom; Viale delle Terme di Caracalla. T.590011. - Regionalbüros in Bangkok, Kairo, Mexiko, Santiago, Washington. - 5 Technische Abteilungen (Agrar-, Forst-, Fischerei-, Ernährungswesen, Wirtschaft); Ausschüsse, Experten- und Arbeitsgruppen. Die Zusammenarbeit mit den übrigen UN-Fachorganisationen (besonders WHO, sowie TAB) nicht gerechnet, sind rd. 40 zwischenstaatliche Fach-Institutionen (Europäische Forstkommission mit Mittelmeerländischer Subkommission, Lateinamerikanische, Nahost-, Asiatisch-pazifische Forstkommissionen, ferner IGO's auf den Gebieten von Weizen- und Gerstezüchtung, Kastanien- und Pappelanbau, Holz, Reis, Frisch- und Trockenfuttermittel, Maul- und Klauenseuchen- sowie Heuschreckenbekämpfung, u.a.), zumeist als selbständige IGO's, der FAO angeschlossen. Weitere rd. 40 nichtstaatliche Organisationen und Institutionen (NGO's) gehören zum Arbeitskreis der FAO (z.B. auf den Gebieten von Milch, Zucker, Oliven, Tabak, Pflanzenschutz, Düngemittel, Brauereiwesen, Hopfen, u.a.).

BRD: Mitglied bei FAO und fast allen obigen IGO's und NGO's, soweit sie nicht rein außereuropäische Funktionen haben.

Auch die großen politisch-wirtschaftlichen Regionalorganisationen (UN/ECE, OEEC, EWG, NATO, OAS, Arabische Liga) und Kooperations-Gemeinschaften (Commonwealth, Colomboplanrat, Kommission für technische Zusammenarbeit in Afrika südlich der Sahara / CCTA) (s.Teil I) befassen sich mehr oder weniger mit technischen und wissenschaftlichen Fragen auf dem Gebiet des Agrar-, Forst- und Ernährungswesens.

Von den oben erwähnten sowie den sonstigen zahlreichen internationalen Vereinigungen und Fachinstitutionen, soweit sie nicht unmittelbar zu FAO oder UIEO/UATI (s. Teil I) gehören oder rein beruflichen, wirtschaftlichen und betrieblichen Zwecken dienen, werden nachstehend die wichtigsten wissenschaftlich oder technisch tätigen genannt:

CORESTA Centre de Coopération pour les Recherches scientifiques relatives au Tabac
Centre for Cooperation in Scientific Tobacco Research
Vereinigung für Internationale Tabakwissenschaftliche Zusammenarbeit

Paris 7; 53, Quai d'Orsay. T.INValides 896/. - Gegr. 1956. - NGO: halbamtliche und private Institutionen und Gesellschaften in rd. 25 Ländern der Welt. - BRD: BML; "Bundesanstalt für Tabakforschung", Forchheim. - "DDR".

CIIA Commission internationale des Industries agricoles
ICAI International Commission for Agricultural Industries
Internationale Kommission für landwirtschaftliche Industrien

Paris 7, 18, Av. de Villars. T.SUFren 3185. - Zweigstelle: Genf; 51, Route de Fronteux. T.52959.
Gegr. 1934. Wissenschaftliche, technische und wirtschaftliche Fragen der Nahrungsmittel-, landwirtschaftlichen und biologischen Industrien; int. Treffen und Ausstellungen. Autonomer Rat für einen "Codex alimentaire européen / Codex Alimentarius Europaeus / Europäisches Lebensmittelbuch".

IGO (8 Fach-NGO's, darunter FEZ, IUCN, besitzen Konsultativ-Status bei CIIA): die Regierungen von rd. 45 Staaten in der Welt (nicht UdSSR, s.Tabelle).

BRD: BML.

CIGR Commission internationale du Génie rural
ICAE International Commission of Agricultural Engineering
Internationaler Ausschuß für Landbautechnik

Paris 15; 15, Av. du Maine. T.LITré 7211. - Gegr. 1930. - NGO: fast 100 Spezialisten in 14 westlichen europäischen Ländern. - Dtschld: "Max-Eyth-Gesellschaft zur Förderung der Landtechnik", Frankfurt/M.-Nied, Elsterstr. 57; Einzelexperten.

EFC European Forestry Commission
CEF Commission auropéenne des Forêts
EFK Europäische Forstkommission
Comisión Europea de Silvicultura

Rom; Viale delle Terme die Caracalle (FAO). T.590011.
Gegr. 1948 (durch Sekretariat-wahrnehmende FAO). - IGO (Joint FAO/ECE Committee sowie Working Party): die Regierungen von 22 europäischen Staaten (nicht UdSSR). - BRD: BML.

Weitere regionale FAO-Forstorgane:

NEFC   **Near East Forestry Commission**
       Commission forestière du Proche-Orient
       Nahost-Forstkommission

       Kairo; c/o FAO Regional Office, Box 2223. T.23090. - Gegr. 1953 Rom. - IGO: 15 afrik., asiat. Staaten sowie Frankreich, Großbritannien, Italien.

       Joint Sub-Commission von EFC und NEFC:

MSC   **Mediterranean Sub-Commission (Silva Mediterranea) / Sous Commission Méditerranéenne /Mittelmeerländische Unterkommission.**
       Rom; c/o FAO. - IGO: 18 Mittelmeerstaaten

LAFC   **Latin-American Forestry Commission**
       Comisión Forestal Latino-Americana
       Commission forestière latino-américaine
       Lateinamerikanische Forstkommission

       Santiago de Chile; c/o Oficina Regional de la FAO, Casilla 10095. T.45036. - Gegr. 1948 Washington. - IGO: 21 amerikanische Staaten (nicht Kanada), sowie Frankreich, Großbritannien, Niederlande.

APFC   **Asia-Pacific Forestry Commission**
       Commission des Forêts pour l'Asie et le Pacific
       Asiatisch-Pazifische Forstkommission

       Bangkok; c/o FAO Regional Office, Phra Atit Road, Maliwan Mansion. T.22407. - Gegr. 1949 Washington. - IGO: südöstliche, fernöstliche und pazifische Staaten.

       Selbständiger nichtamtlicher-internationaler Zusammenschluß der Forschungsinstitute:

IUFRO **International Union of Forest Research Organizations**
UIORF **Union internationale des Instituts de Recherches forestières**
       Internationaler Verband Forstlicher Forschungsanstalten

London W 1; c/o Forestry Commission, 25 Saville Row. T.REGEnt 0221. Sekretariat: c/o FAO, Rom, Viale delle Terme die Caracalla. T.590011. - Gegr. 1890 Badenweiler (bis 1926 "Int.Union of Forestry Experimental Stations / Union Int. des Stations de Recherches Forestiéres"). - NGO (FAO; ISTA): Einzelmitglieder.

BRD: BML, "Bundesforschungsanstalt für Forst- und Holzwirtschaft", Schloß Reinbeck b. Hamburg. - "Deutscher Verband Forstlicher Forschungsanstalten", Freiburg/B., Bertholdstr. 17.

"DDR": Einzelmitglieder.

EPPO European and Mediterranean Plant Protection Organization

OEPP Organisation européenne et méditerranéenne pour la Protection des Plantes

Pflanzenschutzorganisation für Europa und den Mittelmeerraum

Paris 8; 142, Av. des Champs-Elysées. T.ELYsées 1609. Gegr. 1951(anlässl. Int.Pflanzenschutzkonvention der FAO; Vorgänger "Int. Colorado Beetle Cmt. / Int. Kartoffelkäfer Komt." 1947; bis 1955 "Eur. Plant Protection Org. /Org. Eur. pour la Protection des Plantes"). In Fortsetzung früherer int. Konventionen (Reblaus 1881, Pflanzenschutz 1929) gemeinsames wirkungsvolles Vorgehen gegen Einschleppung und Verbreitung von Krankheiten und Schädlingen bei Pflanzen und pflanzlichen Erzeugnissen. Pflanzenschutzdienst.

IGO (FAO): die Regierungen von 35 europäischen und Mittelmeer-Ländern und -Gebieten (auch UdSSR). - BRD: BML.

Selbständige nichtstaatliche Institutionen:

CILB Commission internationale de Lutte biologique contre les Ennemis des Cultures
International Committee for Biological Control
Internationale Kommission für biologische Schädlingsbekämpfung

La Minière, par Versailles; c/o Gen.Sekr. Dr.P.Grison, Laboratoire de Biocénotique et de Lutte Biologique. - Gegr. 1955 Rom (durch IUBS). - NGO. - BRD: BML; Einzelmitglieder.

FEZ	Fédération européenne de Zootechnie
EAAP	European Association for Animal Production
EVT	Europäische Vereinigung für Tierzucht

Rom; Via Barnaba Oriani 28. T.803807.
Gegr. 1949 Paris. - NGO (FAO/C): nat. wissenschaftliche, berufliche, administrative Verbände in 21 Ländern (nicht Ostblock). Dtschld: "Deutsche Gesellschaft für Züchtungskunde e.V.", Bonn, Koblenzer Str. 176, (mittelbarer Beitrag BML).

Gemeinsames Sekretariat mit:

Comité européen de Contrôle Laitier-Beurrier / European Committee on Milk-Butterfeat Recording / Europäisches Komitee für Milchleistungsprüfungen. - Gegr. 1951 (Agreement von Rom). - NGO: 12 europ., 1 tunes. Kontrollstellen. - BRD: "Nationales Komitee", Bonn, Koblenzer Str. 176.

Selbständiges nichtstaatlich-berufliches Fachorgan:

FIVZ	Fédération internationale vétérinaire de Zootechnies
IVFZ	International Veterinary Federation of Zootechnics
	Federación Internacional Veterinaria de Zootecnica
	Internationale Tierärztliche Föderation für Tierzucht

Madrid; 12 Isabel la Católica. T.471838. - Gegr. 1951. - NGO. - Dtschld: wie FEZ.

IDF	International Dairy Federation
FIL	Fédération internationale de Laiterie
IMV	Internationaler Milchwirtschaftsverband

Brüssel 4; 10, Rue Ortelius. T.343733.
Gegr. 1903. Wissenschaftliche, technische, wirtschaftliche Zusammenarbeit. - NGO (ECOSOC/Reg., FAO/C): Nat. Komitees in rd. 25 Ländern der Welt (auch UdSSR, nicht Amerika). Int. Milchtag.

BRD: "Verband Deutscher Milchwirtschaft e.V. - Deutsches Nationalkomittee im IMV", Bonn, Meckenheimer Allee 137.
(mittelbarer Beitrag BML)

ISTA <u>International Seed Testing Association</u>
<u>Association internationale d'Essais de Semences</u>
<u>Internationale Vereinigung für Samenkontrolle</u>

Washington 25; US Dep. of Agriculture. - Sekretariat: Kopenhagen, Thorvaldensvej 57. T.Central 3614.

Gegr. 1924 Cambridge (Nachfolgerin von "Eur. Seed Testing Ass.", 1921). - NGO (FAO): Regierungsvertreter oder amtl. Saatgutbeauftragte von über 30 Staaten (Europa ohne Albanien, "DDR", Griechenland, Irland, Luxemburg, Rumänien, Spanien, Türkei, UdSSR, Vatikanstadt).

BRD: BML; Einzelexperten.

IUNS <u>International Union of Nutritional Sciences</u>

UISN <u>Union internationale des Sciences de la Nutrition</u>
<u>Internationaler Verband der Ernährungswissenschaften</u>

Cambridge (GB), c/o Gen.Sekr. Dr. Leslie J.Harris, Dunn Nutritional Laboratory, Milton Road, T.55444-5.

Gegr. 1946. - NGO (FAO/C; CIOMS): Ernährungswissenschaftler in rd. 35 Ländern (Europa ohne Albanien, Bulgarien, "DDR", Irland, Luxemburg, Polen, Rumänien, Spanien, Ungarn, UdSSR, Vatikanstadt; ferner Argentinien, Brasilien, Indien, Iran, Irak, Israel, Japan, Kanada, Kolumbien, Panama, Peru, Südafrik.Union, USA, Venezuela, u.a.).

BRD: "Deutsche Gesellschaft für Ernährung e.V.", Frankfurt/M., Börsenplatz 1.

OIE <u>Office international de Epizooties</u>

IOE <u>International Office of Epozootics</u>
<u>Internationales Tierseuchenamt</u>

Paris 17; 12, Rue de Pronay. T.CARnot 4574.
Gegr. 1924. Koordinierung und Information der zuständigen Gesundheits- und Seuchendienste der beteiligten Regierungen. Förderung von Forschung und Praxis.

IGO: die Regierungen von rd. 65 Staaten und Gebieten (s.Tabelle).

BRD: BML.

WPO World Ploughing Organisation
Organisation mondiale de Labourage
Weltorganisation für Bodenbearbeitung

Workington, Cumberland (GB); 17a, Oxford Street. T.605.
Gegr. 1952. Technische Förderung, Vervollkommnung, Wettbewerbe, Ausstellungen auf allen Gebieten der Landwirtschaft. - NGO: nat. Verbände und Wettbewerbsorganisationen in über 15 meist europäischen Ländern (auch USA, GB, Kanada; nicht Ostblock). - BRD.

WPSA World's Poultry Science Association
AVI Association universelle d'Aviculture scientifique
Weltvereinigung für Geflügelzucht

London SW 1; c/o Sekr. Jan Macdougall, Knightsbridge, Agriculture Hose. T.BELgravia 5077.
Gegr. 1912 (bis 1930 "Int. Ass. of Poultry Instructors and Investigators"). - (ECOSOC/Reg., FAO/C): Behörden, Verbände, Einzelmitglieder in rd. 55 Ländern und Gebieten (s.Tabelle).

BRD: "Verband deutscher Wirtschaftsgeflügelzüchter", Bonn, Koblenzer Str. 176.

Die naturwissenschaftliche und technische Zusammenarbeit in der Welt wickelt sich praktisch, mit wenigen Ausnahmen, über nichtstaatliche internationale Organisationen und Institutionen (NGO's) ab. Ihre Arbeit ist unpolitisch. Dadurch unterscheiden sie sich von den zwischenstaatlichen Zusammenschlüssen (IGO's) der Staaten. Mehr oder weniger sind diese vom jeweiligen politischen Standort der einzelnen Mitgliedregierungen und den sich hieraus ergebenden Gruppierungen abhängig; auch die wenigen rein wissenschaftlichen und technischen IGO's sind nicht in der Lage, sich gegebenenfalls von politischen Einflüssen und Ambitionen frei zu halten. Im Zweifelsfalle wird stets die nationale Politik über der internationalen Sache stehen; so führten westlich / östliche Gegensätze zu gegensätzlichen Gründungen (z.B. CERN / Vereinigte Kernforschungsinstitut des Ostblocks). Auch innerhalb der UN und ihrer Sonderorganisationen sowie der von ihnen abstammenden, jedoch selbständigen "Internationalen Atomenergieorganisation" (IAEO) ist ein gewisses weltweites Gleichgewicht nur dadurch gewährleistet, daß die politischen Strömungen Westen/Osten / Neutrale sich ungefähr die Wage halten. Zusammenschlußbestrebungen auf regionaler zwischenstaatlicher Ebene scheiterten nur zu oft oder wurden verwässert durch die Regierungen, obwohl inoffiziell die Völker begeistert zustimmten; (z.B. Europa-Idee und europäische Integration).

Damit gewinnt die international-koordinierende Mission der nichtstaatlichen Vereinigungen und Institutionen, vor allem auf dem Gebiet von Naturwissenschaft und Technik, deren Träger und Repräsentanten international heute mehr denn je aufeinander angewiesen sind, an Bedeutung.

Nebenstehend Tabelle folgender vorstehend erwähnter IGO's und NGO's
mit besonders zahlreichen Mitgliederländern:

1.	BIPM	Bureau Int. des Poids et Mesures (IGO)	S. 46
2.	CIIA	Commission int. des Industries agricoles (IGO)	S. 59
3.	IFHP	Int. Fed. for Housing and Planning (NGO)	S. 52
4.	IIR	Int. Institute of Refrigeration (IGO)	S. 53
5.	-	Int. Geological Congress (NGO)	S. 44
6.	IRCA	Int. Railway Congress Ass. (NGO)	S. 54
7.	IRF	Int. Road Fed. (NGO)	S. 54
8.	ISO	Int. Org. for Standardization (NGO)	S. 55
9.	ISSS	Int. Society of Soil Science (NGO)	S. 44
10.	OIE	Office Int. des Epizooties (IGO)	S. 63
11.	-	Textile Institute (NGO)	S. 56
12.	WPSA	World's Poultry Science Ass. (NGO)	S. 64

Tabelle

Souveräne Staaten:	BIPM 1	CIIA 2	IFHP 3	IIR 4	Int.Geol. 5	IRCA 6	IRF 7	ISO 8	ISSS 9	OIE 10	Textil 11	WPSA 12
1. Äthiopien												
2. Afghanistan					*							
3. Albanien								*		*		
4. Argentinien	*	*	*	*	*	*	*		*	*	*	
5. Australien	*		*	*	*	*	*	*	*	*	*	*
6. Belgien	*	*	*	*	*	*	*	*	*	*	*	*
7. Bolivien					*	*	*					
8. Brasilien	*	*	*		*	*	*	*	*	*	*	*
9. BRD	*	*	*	*	*	*	*	*	*	*	*	*
10. Bulgarien	*	*	*		*			*	*	*		
11. Burma						*		*			*	
12. Ceylon					*	*	*		*			
13. Chile	*	*	*		*	*	*	*	*		*	*
14. China (VR)												
15. Costa Rica		*			*		*		*			
16. Dänemark	*	*	*	*	*	*	*	*	*	*	*	*
17. Dominikan. Rep.	*	*			*			*				*
18. Ecuador		*			*		*		*		*	
19. El Salvador					*		*		*			
20. Finnland	*		*		*	*	*	*	*	*	*	*
21. Frankreich	*	*	*	*	*	*	*	*	*	*	*	*
22. Ghana			*		*		*		*			*
23. Griechenland		*	*	*		*	*	*		*	*	*
24. Großbritannien	*		*	*	*	*	*	*	*	*	*	*
25. Guatemala		*			*		*	*				
26. Guinea					*							
27. Haiti					*			*				
28. Honduras		*					*	*				
29. Indien	*		*		*	*	*	*			*	*
30. Indonesien			*	*		*		*	*	*	*	
31. Irak					*	*	*		*	*	*	
32. Iran						*	*		*			
33. Irland	*		*		*	*		*	*	*	*	*
34. Island					*			*				
35. Israel			*	*	*		*	*	*		*	*
36. Italien	*	*	*	*		*	*	*	*	*	*	*
37. Japan	*	*	*	*	*	*	*	*	*	*	*	*
38. Jemen												
39. Jordanien						*						
40. Jugoslawien	*	*	*		*	*		*	*	*	*	*
41. Kambodscha						*			*			
42. Kanada	*		*	*	*		*	*	*		*	*
43. Kolumbien		*	*		*		*		*	*	*	*
44. Korea Nord												
45. Korea Süd					*			*	*		*	
46. Kuba		*			*		*		*		*	
47. Laos		*								*		
48. Libanon						*	*		*	*	*	*
49. Liberia		*			*							
50. Libyen												
51. Luxemburg		*	*		*	*	*		*	*		
52. Malaya			*		*	*					*	*
53. Marokko		*		*	*	*				*	*	
54. Mexiko	*	*	*		*		*	*	*		*	*
55. Mongolische VR												
56. Neuseeland			*	*	*	*	*	*	*	*	*	*
57. Nepal												
58. Nicaragua		*			*		*		*			
59. Niederlande	*	*	*	*	*	*	*	*	*	*	*	*
60. Norwegen	*	*	*	*	*	*	*	*	*	*	*	*
61. Österreich	*	*	*		*	*	*	*	*	*	*	*
62. Pakistan						*	*	*	*	*	*	*
63. Panama		*					*					
64. Paraguay		*				*	*					
65. Peru			*		*	*	*		*	*	*	*

Souveräne Staaten:	BIPM 1	CIIA 2	IFHP 3	IIR 4	Int.Geol. 5	IRCA 6	IRF 7	ISO 8	ISSS 9	OIE 10	Textil 11	WPSA 12
66. Philippinen			*				*		*		*	*
67. Polen	*		*	*	*	*		*	*	*		*
68. Portugal	*		*	*	*	*	*	*	*	*	*	*
69. Rumänien	*			*	*	*		*	*	*		
70. Saudisch Arabien					*							
71. Spanien	*	*	*	*	*	*	*	*	*	*	*	*
72. Sudan						*	*		*		*	
73. Südafrikan. Union			*	*	*	*	*	*	*	*	*	*
74. Schweden	*		*	*	*	*	*	*	*	*	*	*
75. Schweiz	*		*	*	*	*	*	*	*	*	*	*
76. Thailand	*					*			*	*	*	*
77. Taiwan		*		*					*	*	*	*
78. Tschechoslowakei	*	*	*	*	*	*		*	*	*	*	*
79. Tunesien			*		*	*				*		
80. Türkei	*	*			*		*	*	*	*	*	*
81. UdSSR	*			*	*	*		*	*	*		*
82. Ungarn	*	*		*	*	*		*	*	*	*	
83. Uruguay	*	*	*		*	*	*		*	*	*	*
84. USA	*	*	*	*	*	*	*	*	*		*	*
85. Vatikanstadt												
86. Venezuela					*		*		*	*		
87. Ver. Arabische Rep.			*		*	*	*	*	*	*	*	*
88. Vietnam Nord												
89. Vietnam Süd			*		*		*			*		
	35	40	40	30	62	52	53	40	64	51	50	44
Demnächst souveräne Staaten u. Gebiete:												
Cypern											*	*
Kamerun						*				*		
Nigeria					*	*	*				*	*
Rhodesien-Nyassald.					*	*	*				*	*
Singapore												
Somaliland						*				*		
Togo						*						
Westind. Föderation												
Teilautonome und abhängige Gebiete: (soweit Mitglieder)												
Bahamas-Inseln						*						
Belgisch Kongo						*	*			*		*
Brit. Guyana							*					
Brit. Ostafrika					*		*					
Franz.-Afrikan. Gemeinschaft:												
Algerien	*			*	*	*	*			*		
Äquat. Afrika				*	*	*				*		
Westafrika				*	*	*				*		
Madagascar				*	*	*				*		
Neu-Kaledonien										*		
Hongkong												
Kenya												
Mozambique						*				*		
Port. Westafrika												
Puerto Rico			*		*					*		* *
Surinam												
Tanganjika												
Sonstige (ca.)		2			15	2	2	3		5	2	3
Insgesamt	36	42	41	34	85	66	61	43	65	65	56	52

NAMENS-ABKÜRZUNGSVERZEICHNIS

der vorstehenden internationalen Organisationen

und ihrer deutschen Mitglieder

(Teil I s. dort S.63-64)

Abk.	Seite	Abk.	Seite	Abk.	Seite
AEC (der UN)	26	CICR	38	DRK	38
AGHTM	53	CIDB	47	DStV	49
AIC (CF)	40/54	CIE	47		
AIDE	56	CIEM	42	DVG	20
AIEA	27	CIIA	59	DVGW	15, 56
		CIGB	14	DVTWV	49
APFC	60	CIGR	59		
ASICA	41	CIGRE	20	EAAP	62
AVI	64	CILB	61	EAEG	41
BHI	43	CILPE	17	EAES	30
BIPM	46	CIM	48		
		CIMAG	48	EAC	32, 34
CAARC	40	CIP	41	ECA (der UN)	12
CEA (der UN)	12				
CEAO (der UN)	11	CIRM	48	ECAFE (der UN)	12
CECA	13	CIUS	9	ECE (der UN)	11
		CME	13	ECLA (der UN)	12
CEF (der UN)	11	CMI	20		
CEE	21			ECSC	13
CEF	59	COMATOM	30	EFC	51/59
CEI	21	COMECON	13	EFK	59
				EGKS	13
CEPA (der UN)	12	CORESTA	59		
CEPAL (der UN)	11	CPIUS	53	EJC	50
		DAAD	51		
CERN	29	DB	54	ENEA (der OEEC)	33
		DECHEMA	51		
CIB	46	DGRR	42	EP	13
		DGW	56	EPA	12
CIC	40	DMV	41	EPPO	61
		DNA	55		

Seite 69

Abk.	Seite	Abk.	Seite	Abk.	Seite
EURATOM	12,32,34	ICOLD	14	ISR	37
EUROCHEMTC (der OEER)	33	ICRC	38	ISSS	44
				ISTA	63
EUSEC	49	ICRU	38	IUCN	45
EVI	62			IUNS	63
FAI	42	ICSU	9		
FAO	58	IDF	62	IUFKO	60
		IEC	21,55	IUPN	45
FEANI	49	IEKV	54	IVFZ	62
				IWSA	56
FECEP	16	IFAC	52		
FEGCh	50	IFEMS	43	KOMATOM	30
				KOMECON	13
FEPEM	16	IFHP	52		
		IFHTP	52	LAFC	60
FEZ	62				
FIANI	49	IFK	22	LORCS	38
FIBTP	47			LSCR	38
		IGB	14		
FIHU	52			MSC	60
FIL	62	IGU	15	NEFC	60
FIVZ	62	IHB	43		
FIPACE	18			OAA	58
FNA's	55	IIF	53		
FRI	54	IIR	53	OAS	31
		ILO	37	OECE } OEEC }	12,32-34
GAMM	41	ILS	43		
				OEEPE	45
IAEA,IAEO	27	IMA	44	OFPP	61
IAESTE	51			OIE	63
		IMV	62	OIEA	27
IAF	42	IOE	63	OIML	46
		IRCA	54	OMM	37
ICAE	59	IRF	54	OMS	37
ICAI	59				
		ISAP	16	ORE	57
ICAITI	52				
		ISO	55	OSShD	57
ICES	42				

Seite 70

Abk.	Seite	Abk.	Seite
PCWPC	16	WHO	37
PICUTP	53	WMO	37
SBR	45	WPC	13
SCAR	56	WPO	64
		WPSA	64
SCI	51		
SIAP	52		
SISS	44		
UATI	9		
UCPTE	18		
UIC	57		
UIE	22		
UIIG	15		
UIORF	60		
UISN	63		
UK/AEA	25		
UN	11,12,26, 27,36		
UNESCO	29		
UNICHAL	22		
UNIPEDE	18		
US/AEC	25		
UT	56		
VDEW	18,21		
VDMA	48		
VIK	18		

NAMENS-STICHWÖRTERVERZEICHNIS

der internationalen Organisationen und ihrer deutschen Mitglieder

im Teil II

(Teil I s. dort S. 65-68)

(bei Übereinstimmung oder alphabetgetreuer Ähnlichkeit der englischen und französischen Namens-Stichworte mit den deutschen sind nur die letzteren genannt [z.B. Biochemie zugleich für Biochemistry, Biochimie] ohne Rücksicht auf die Verschiedenheit der [nicht angeführten] Begleitworte der vollen Namen [z.B. Rat, Council, Conseil]).

	Seite		Seite
Agriculture s. Ernährung		Bodenbearbeitung	64
Animal Production	62	- Kunde	44
Astronautik	42		
		Building s. Bauwesen	
Atomenergie			
EURATOM	34-36	Chemie-Ingenieurwesen, europ.	50
Eur. Forschung, Austausch	29,30	Colombo-Plan	31
- Großbritannien	25	Cybernetic	40
Int.At.En.Org.IAEO	25		
- OEEC mit Unterorganen	33-34	Dairy	62
Strahlenschutz	36,37	Eclairage	47
- UdSSR, Ostblock	25,30		
- UN mit Unterorganen	26,27	Elektrische Energie (zwischenstaatl.)	
- USA	25	Eur. Gemeinschaften	12,13
- Verschiedene	31	OEEC	12
		Ostblock	13
Automatik, Regeltechnik	40,52	UN	11,12
Bauwesen	46	Elektrische Energie (nichtstaatl.)	
- Hoch- u. Tiefbau	47		
- Stahlbau	49	Erzeuger, Verteiler	17,18
- Wohnungswesen, Städtebau	52,53	Hochspannungs-Konf.	19
		Schutz Fernlinien	20
Beleuchtung, Lichtschutz	47	Weltkraftkonf.	13
Biologische Rhythmusforschung	45	Elektronik, elektronisch	40,41
- Schädlingsbekämpfung	61	- Mikroskopie	43
		- Rechnen	40,41
		- Steuerung	40,52

Seite 72

	Seite
Elektrotechnik	21,55
Funkentstörung	21
- Qualitätsregeln	21
Elektrowärme	22
Eisenbahnwesen	
Forschung, Versuchswesen	57
- Kongresse	54
Engineering, Engineers	48-50
Mechanical	48
Combustion	48
Epizooties	63
Erdöl	16
Ernährung, Landwirtschaft	
Bodenbearbeitung	64
Geflügelzucht	64
- Industrien	59
Landbautechnik	59
Milcherzeugung	62
Tabakforschung	59
Samenkontrolle	63
Tierzucht, -seuchen	62,63
Weltorganisation (FAO)	58
- Wissenschaften	63
Europa, Europäisch	
Atomforschungswirtschaft	29,30,34
Chemie-Ingenieurwesen	50
Energieerzeuger- und -verteiler	17,18
Forstwesen	60
Gemeinschaften	12,13,32
Geophysikal. Forschung	41
Pflanzenschutz	61
Tierzucht	62,63
Wirtschaftl. Zusammenarbeit	12,32,33

	Seite
Exchange of Students	51
Food s. Ernährung	
Forstwesen	59-61
Gas	15
Geflügelzucht	64
Geologen	44
Geophysik, europ. Forschung	41
Hochschul-Praktikantenaustausch	51
Homing and Planning	52
Hydrographische Forschung	43
Hygieniker, kommunale	53
Industrieforschung, zentralamerik.	52
Ingenieurwesen	49,50
- Praktikantenaustausch	51
kommunale Hygieniker und Techniker	53
Kältewissenschaft	53
Korrosion	51
Landschaftspflege	45
Luftfahrtforschung, Commonwealth	40
Maschinenbau	48
Verbrennungskraftmaschinen	48
Meeresforschung	42
Meßwesen, Mesures	46
Strahlenmeßeinheiten	38

	Seite		Seite
Metal Construction	49	Refrigeration	53
Milcherzeugung	62	Regelungstechnik	40
		Research, Skand.	56
Mineralogie	44	Rheologie	44
Mondforschung	43	Rhythmenforschung (biolog.)	45
		Road	54
Naturschutz, Landschaftspflege	45		
Naturwissenschaften, Int. Rat	9	Sedimentenkunde	40
		Seed Testing	63
Skand. Ausschuß	56	Seefunk	48
Nordischer Rat	31	Stahlbau	49
Normung	55	Standardization	55
National Sciences	63	Strahlenschutz	36-39
Ornithologen	41	Strassenbau, -liga	54
Petroleum	16	Talsperren	14
Pflanzenschutz	61	Technik, Techniker	
Photogrammetrie	45	s.Ingenieurwesen	
Planning	52,53	Textilforschung	56
Ploughing Org.	64	Tierzucht, -seuchen	62
Poids et Mesures	46		
Poultry Science	64	Wärmeenergie	
		Verbrennungskraftmaschinen	48
Radio Maritime	48	- Verteiler	22
Radiologie, Strahlenschutz	36-38	Wasserversorgung	56
Railway	54,56,57	Weltkraftkonferenz	13
Raumplanung, -ordnung	52,53	Zentralamerik.Industrieforschung	52
Rechnen, elektronisch, analog	40,41	Zootechnie	62

FORSCHUNGSBERICHTE DES LANDES NORDRHEIN-WESTFALEN

Herausgegeben durch das Kultusministerium

WIRTSCHAFTSWISSENSCHAFTEN

HEFT 124
Prof. Dr. R. Seyffert, Köln
Wege und Kosten der Distribution der Hausratwaren im Lande Nordrhein-Westfalen
1955, 74 Seiten, 25 Tabellen, DM 9,—

HEFT 217
Rationalisierungskuratorium der Deutschen Wirtschaft (RKW), Frankfurt/Main
Typenvielzahl bei Haushaltgeräten und Möglichkeiten einer Beschränkung
1956, 328 Seiten, 2 Abb., 181 Tabellen, DM 49,50

HEFT 222
Dr. L. Köllner, Münster und Dipl.-Volkswirt M. Kaiser, Bochum
Die internationale Wettbewerbsfähigkeit der westdeutschen Wollindustrie
1956, 214 Seiten, 5 Abb., DM 39,50

HEFT 288
Dr. K. Brücker-Steinkuhl, Düsseldorf
Anwendung mathematisch-statischer Verfahren in der Industrie
1956, 103 Seiten, 27 Abb., 14 Tabellen, DM 24,20

HEFT 323
Prof. Dr. R. Seyffert, Köln
Wege und Kosten der Distribution der Textilien, Schuh- und Lederwaren
1956, 98 Seiten, 37 Tabellen, 1 Falttafel, DM 12,—

HEFT 353
Forschungsinstitut für Rationalisierung, Abt. Dokumentation, Aachen
Schlagwortregister zur Rationalisierung
1957, 376 Seiten, DM 56,—

HEFT 364
Prof. Dr. Th. Beste, Köln
Die Mehrkosten bei der Herstellung ungängiger Erzeugnisse im Vergleich zur Herstellung vereinheitlichter Erzeugnisse
1957, 352 Seiten, DM 50,—

HEFT 365
Prof. Dr. G. Ipsen, Dr. W. Christaller, Dr. W. Köttmann und Dr. R. Mackensen, Sozialforschungsstelle an der Universität Münster zu Dortmund
Standort und Wohnort
1957, Textband: 350 Seiten, 28 Karten, 73 Tab.
Anlageband: 15 Karten, 21 Tab., DM 99,—

HEFT 437
Dr. I. Meyer, Köln
Geldwertbewußtsein und Münzpolitik. — Das sogenannte Gresham'sche Gesetz im Lichte der ökonomischen Verhaltensforschung
1957, 80 Seiten, DM 20,30

HEFT 451
Prof. Dr. G. Schmölders, Köln
Rationalisierung und Steuersystem
1957, 78 Seiten, DM 17,15

HEFT 469
Dr. sc. agr. F. Riemann und Dipl.-Volksw. R. Hengstenberg, Göttingen
Zur Industrialisierung kleinbäuerlicher Räume
1957, 130 Seiten, 5 Karten, 23 Tabellen, DM 27,—

HEFT 477
Sozialforschungsstelle an der Universität Münster zu Dortmund
Beiträge zur Soziologie der Gemeinden. Teil I:
Dr. K. Utermann, Dortmund
Freizeitprobleme bei der männlichen Jugend einer Zechengemeinde
1957, 56 Seiten, DM 12,75

HEFT 563
Sozialforschungsstelle an der Universität Münster zu Dortmund
Beiträge zur Soziologie der Gemeinde im Ruhrgebiet. Teil II:
Dr. D. v. Oppen, Dortmund
Familien in ihrer Umwelt
1958, 104 Seiten, DM 26,10

HEFT 564
Sozialforschungsstelle an der Universität Münster zu Dortmund
Beiträge zur Soziologie der Gemeinde im Ruhrgebiet. Teil III:
Dr. H. Croon, Bochum
Das Gemeindewahlrecht im Rheinland und Westfalen im 19. Jahrhundert
in Vorbereitung

HEFT 565
Sozialforschungsstelle an der Universität Münster zu Dortmund
Beiträge zur Soziologie der Gemeinde im Ruhrgebiet Teil IV
Dr. K. Hahn
Die kommunale Neuordnung des Ruhrgebietes, dargestellt am Beispiel Dortmunds
für die Veröffentlichung bearbeitet von *Dr. R. Mackensen*
1958, 154 Seiten, 14 Karten, DM 42,80

HEFT 566
Dr. H. Klages, Dortmund
Der Nachbarschaftsgedanke und die nachbarliche Wirklichkeit in der Großstadt
1958, 256 Seiten, 26 Tabellen, 1 Faltkarte, DM 47,—

HEFT 572
Dipl.-Kfm. Dipl.-Volksw. Dr. J.-B. Felten, Köln
Wert und Bewertung ganzer Unternehmungen unter besonderer Berücksichtigung der Energiewirtschaft
1958, 144 Seiten, DM 33,60

HEFT 591
Dr. Schairer, Köln
Aufgabe, Struktur und Entwicklung der Stiftungen
1958, 50 Seiten, DM 16,40

HEFT 592
Verein zur Förderung des Forschungsinstituts für Rationalisierung an der Rhein.-Westf. Technischen Hochschule Aachen
Das Forschungsinstitut für Rationalisierung an der Rhein.-Westf. Technischen Hochschule Aachen
1959, 74 Seiten, 33 Abb., DM 20,—

HEFT 601
W. Barbo und E. Stiller, Köln
Die Lage des Technisch-Wissenschaftlichen Nachwuchses und der Technisch-Wissenschaftlichen Hochschulen in der Bundesrepublik
1958, 32 Seiten, DM 8,80

HEFT 602
H. v. Stebut, Köln
Die Hochschulen in der Aufwärtsentwicklung Westdeutschlands
1958, 38 Seiten, DM 10,20

HEFT 604
Dipl.-Ing. H. Gröttrup, Aachen
Studienanalyse halbautomatischer Dokumentationsselektoren
1958, 112 Seiten, 50 Abb., 12 Tabellen, DM 28,50

HEFT 607
Dr. H. Schlachter, Münster
Die Wettbewerbslage der westdeutschen Juteindustrie
1958, 136 Seiten, 35 Tabellen, DM 32,—

HEFT 624
Finanzwissenschaftliches Forschungsinstitut an der Universität Köln
Progression und Regression
1958, 70 Seiten, 4 Abb., 3 Tabellen, DM 17,40

HEFT 636
Prof. Dr.-Ing. J. Mathieu und Dr. phil. S. Barlen, Aachen
Richtwerte für Zeitaufwand und Kosten von Dokumentationsarbeiten
1958, 54 Seiten, DM 16,20

HEFT 641
Prof. Dr.-Ing. J. Mathieu und Dr. phil. M. Gnielinski, Aachen
Die industrielle Produktivität in neuerer Sicht
1958, 132 Seiten, 16 Abb., 31 Tabellen, DM 31,70

HEFT 650
Dr. phil. nat. H. A. Elsner, Aachen
Aufbau einer Fachdokumentation aus vorhandenen Referatdiensten
1958, 36 Seiten, 1 Abb., 2 Tabellen, DM 12,10

HEFT 658
Dipl.-Kfm. Dr. Grupe, Köln
Public Relations in der öffentlichen Energieversorgung
1958, 48 Seiten, DM 12,25

HEFT 677
Dr. sc. agr. F. Riemann, Dipl.-Volksw. R. Hengstenberg und Dipl.-Ldw. G. Bunge, Göttingen
Der ländliche Raum als Standort industrieller Fertigung
1959, 196 Seiten, und viele Tabellen, DM 46,40

HEFT 678
Dipl.-Volksw. Dr. O. Blume, Dipl.-Volksw. J. Heidermann und Dipl.-Hdl. Dr. E. Kuhlmeyer Köln
Wirtschaftsorganisatorische Wege zum gemeinsamen Eigentum und zur gemeinsamen Verantwortung der Arbeitnehmer I. und II. Teil
1959, 404 Seiten, DM 60,—

HEFT 715
Dr. E. Wedekind, Krefeld
Die Auftragsplanung und Arbeitsorganisation in gewerblichen Wäschereien
1959, 116 Seiten, 25 Abb., DM 29,50

HEFT 721
F. E. Nord, Köln
Der Stifterverband für die Deutsche Wissenschaft und die Begabtenförderung an den wissenschaftlichen Hochschulen
1959, 30 Seiten, DM 8,40

HEFT 729
Forschungsinstitut für Internationale Technische Zusammenarbeit (F.I.Z.) an der Rheinisch-Westfälischen Technischen Hochschule, Aachen
Wirtschaftliche, technische und soziale Probleme im neuen Indien. Vorträge zur Eröffnung der Deutsch-Indischen Ausstellung in Aachen am 14. November 1958
1959, 96 Seiten, 28 Abb., DM 24,70

HEFT 751
Prof. Dr. h. c. R. Seyffert, Köln
Wege und Kosten der Distribution von Konsumwaren des Pflege- und Heilbedarfs, Arbeits- und Betriebsmittelbedarfs, Bildungs- und Unterhaltungsbedarfs, Schmuck- und Zierbedarfs, Wohnbedarfs
1959, 102 Seiten, 29 Tabellen, DM 14,—

HEFT 758
Prof. A. P. Sanchez-Concha, Ph. D., LL. D., Aachen
Über den Begriff der industriellen Arbeit
1959, 16 Seiten, DM 5,40

HEFT 766
Dr.-Ing. Dr. W. Grosse, Bonn
Internationale Organisationen der Naturwissenschaft und Technik und ihre Zusammenarbeit. Teil I
1956, 20 Seiten, 6 Abb., 5 Tabellen, DM 6,50

HEFT 767
Dr.-Ing. W. Grosse, Bonn
Internationale Organisationen der Naturwissenschaft und Technik und ihre Zusammenarbeit. Teil II
in Vorbereitung

HEFT 769
Dr. Ph. Schmidt-Schlegel, Aachen
Deutsch-Bolivianische technische Zusammenarbeit.
Die Gutachten der 1956/57 nach Bolivien entsandten
deutschen Sachverständigen und ihre Auswertung
1959, 266 Seiten, 32 Abb., zahlr. Tab., DM 55,—

HEFT 776
Dr. O. Neuloh und Dr. H. Wiedemann
Arbeiter und technischer Fortschritt

HEFT 778
Dr. phil. M. Gnielinski, Aachen
Zur Einführung der Statistischen Qualitätskontrolle in
Mittel- und Kleinbetrieben, Vorschläge und Hilfsmittel
1959, 36 Seiten, DM 10,—

HEFT 793
Dipl.-Ing. Walter Rohmert, Dortmund
Statische Belastung bei gewerblicher Arbeit
Teil II
Dr. med. Dr. phil. Gerd Jansen, Dortmund
Grundsätzliche Bemerkungen über die experimentelle
Lärmforschung

HEFT 795
Rüdiger von Tresckow, Aachen
Versuch einer Darstellung des Strukturwandels und des
Konjunkturverlaufs in der Weltmaschinenausfuhr in die
Entwicklungsländer
1959, 68 Seiten, 20 Abb., mehr. Tab., DM 17,60

HEFT 805
H. Seligo, Aachen
Der Zweite Portugiesische Sechsjahresplan
1959, 150 Seiten, 20 Tab., DM 37,80

HEFT 813
Dipl.-Landwirt C. T. Hinrichs, Aachen
Landwirtschaft und Tierzucht in Bolivien
1959, 104 Seiten, 13 Abb., DM 26,70

HEFT 819
Dipl.-Volkswirt Dr. H. H. Kaup, Münster
Einkommen und Textilverbrauch

HEFT 827
*Dr.-Ing. E. Sattler, Verband Deutscher Streichgarnspinner,
Düsseldorf*
Disposition mit Arbeitsvorbereitung und Vertriebsvorbereitung in der einstufigen (Verkaufs-) Streichgarnspinnerei

HEFT 828
C. Brzeskiewicz, Verband der Deutschen Tuch- und Kleiderstoffindustrie e. V., Köln, im Verein mit dem Ausschuß für wirtschaftliche Fertigung e. V., Düsseldorf
Disposition mit Arbeitsvorbereitung und Vertriebsvorbereitung in der Tuch- und Kleiderstoffindustrie

HEFT 838
Dipl.-Landw. C. Th. Hinrichs, Aachen
Die Landwirtschaft und Viehzucht in Tunesien

Ein Gesamtverzeichnis der Forschungsberichte, die folgende Gebiete umfassen, kann bei Bedarf vom Verlag angefordert werden:
Acetylen / Schweißtechnik – Arbeitspsychologie und -wissenschaft – Bau / Steine / Erden – Bergbau – Biologie – Chemie – Eisenverarbeitende Industrie – Elektrotechnik / Optik – Fahrzeugbau / Gasmotoren – Farbe / Papier / Photographie – Fertigung – Gaswirtschaft – Hüttenwesen / Werkstoffkunde – Luftfahrt / Flugwissenschaften – Maschinenbau – Medizin / Pharmakologie / Physiologie – NE-Metalle – Physik – Schall / Ultraschall – Schiffahrt – Textiltechnik / Faserforschung / Wäschereiforschung – Turbinen – Verkehr – Wirtschaftswissenschaften.

MIX
Papier aus verantwortungsvollen Quellen
Paper from responsible sources
FSC® C105338

If you have any concerns about our products,
you can contact us on
ProductSafety@springernature.com

In case Publisher is established outside the EU,
the EU authorized representative is:
**Springer Nature Customer Service Center GmbH
Europaplatz 3, 69115 Heidelberg, Germany**

Printed by Libri Plureos GmbH
in Hamburg, Germany